基础生物力学

（原书第2版）

[日] 山本澄子　石井慎一郎　江原义弘　著

丛燕　凌华　主译

化学工业出版社

·北京·

内容简介

生物力学是联系临床现象和原因的桥梁。《基础生物力学》从核心知识出发，以简明扼要、图文并茂的形式，介绍杠杆、力和力矩、重心，引出人体上杠杆的应用、关节力矩和肌肉活动、体位转移以及步行过程中的生物力学和重心的转变、步态分析的基本方法等内容，从而解决临床中有关动作的护理、体位转移动作引导、推论异常动作原因、考虑自助具和假肢矫形器的设计以及无障碍设计等实际问题。

本书原著在日本使用长达15年时间，经过不断修订完善，在日本广受好评，并已经翻译成英语版本。

本书配有动作演示动画，扫描二维码即可观看。本书既可作为职业院校开设康复及辅助器具技术、健康管理专业师生的教学用书，也可供临床康复治疗师、假肢矫形器师，以及生物力学初学者、体育研究及训练相关从业人员的培训及参考书。

图书在版编目（CIP）数据

基础生物力学 /（日）山本澄子，（日）石井慎一郎，（日）江原义弘著 ；丛燕，凌华主译. -- 北京 ：化学工业出版社，2024. 10. -- ISBN 978-7-122-46201-5

Ⅰ. Q66

中国国家版本馆CIP数据核字第2024FQ1018号

责任编辑：张雨璐　李植峰
责任校对：王　静
装帧设计：关　飞

出版发行：化学工业出版社
（北京市东城区青年湖南街13号　邮政编码100011）
印　　装：三河市航远印刷有限公司
787mm×1092mm　1/16　印张10½　字数240千字
2025年2月北京第1版第1次印刷

购书咨询：010-64518888　　售后服务：010-64518899
网　　址：http://www.cip.com.cn
凡购买本书，如有缺损质量问题，本社销售中心负责调换。

定　　价：68.00元　

《基础生物力学》翻译组

主　译：丛　燕　凌　华

副主译：魏晨婧　王　林

译　者：（按姓氏拼音排序）

曹建刚　常晓倩　丛　燕　冯　爵

郭子扬　李高峰　凌　华　魏晨婧

吴　蕾　王　林

原书序言

随着 EBM 需求的不断增加，医护人员对重新学习生物力学的需求也越来越高，特别是对于那些以步行等人的运动为核心工作的物理治疗师以及假肢矫形器师来说，生物力学知识更是必不可少的。但是，令人遗憾的是，力学很难学，很多人也不擅长数学公式，并且很多人可能并不理解在学校里学到的生物力学知识。此外，还有些人认为即使学习了这些难懂的力学知识也不知道有什么用处。的确，学习生物力学，如果在开始的学习阶段就受挫的话，后面的学习会越来越不明白，越来越困难。事实上，力学的公式可能和眼前患者的动作不能立刻建立起联系，但是通过理解生物力学，我们观察临床动作的视角会发生变化。因此，为了培养观察动作的能力，我们为以医疗相关职业为目标的学生们编辑了初始学习生物力学的教材。

本书的前半部分反复说明了理解人的动作的力学基础；后半部分用动画表示运动捕捉系统捕捉的实际动作，说明了根据基础知识观察动作的方法。本书是基础教材，不仅仅针对学生，任何想重新学习生物力学的人都可以使用此书，希望本书能成为大家切身感受生物力学的契机。

山本澄子

在康复治疗的临床实践中，有很多机会需要从力学的角度上思考问题，从而制定临床决策。比如考虑对患者动作的帮助和引导的关键点，推论异常动作的原因，考虑自主用具和装饰品的设计，设计无障碍改造方案……在这些情境下，必须思考“力”来进行决策。“力”，并不能直接看到它的存在，所以要通过设想的思考过程来介入决策的制定。力学知识为这个思考过程提供了依据。如果不能正确理解力学，临床决策的思考过程就必须依靠经验和反复试验，力学知识对于我们治疗师来说，应该成为引导临床决策方向的可靠依据。

如果把力学说是将临床现象和原因的因果关系直接结合起来的学问也不为过。对于治疗师来说，生物力学与解剖学、生理学、运动学一样，都是必须学习的知识。本书是为了从感觉上更容易理解那些难懂的力学基础和应用而提出的学习建议。也就是说，对于不擅长理科的学生，该书可以解读如何将力学理论知识向临床应用拓展。本书应该是很多生物力学初学者的指南。

石井慎一郎

我和山本老师自 1995 年开始举办步态分析研讨会。自那以后的 15 年，每年在日本各地持续举办 2 次研讨会，足迹遍布北海道到冲绳。每次研讨会定员 30 人，为期 4 天，期间我们收集并分析数据，在研讨会最后一天进行汇报。这个过程中，我们掌握了重心、地面反作用力、地面反作用力作用点、关节力矩和关节功率生物力学五大项目，受到了参与者的一致好评。我们每一次都会用心安排研讨会的内容、教学方法和运营方法。参会人员通常包括物理治疗师（PT）、医生、作业治疗师（OT）、假肢矫形器制作师（PO）、护士、护工、康复工程师和运动科学专业人士。从内容上讲，研讨的正是物理治疗专业学生在学校期间想学习的内容。现在还举办了针对物理治疗专业学生的步态分析研讨会。在过去的 15 年里，已经有近 1000 名结业者。即使是这样，生物力学知识的普及还远远不够。因此，从 2009 年开始我们还举办了“面向教师的生物力学教授法研讨会”，内容以研讨会上讨论的项目为中心，追加了力量的合成和杠杆原理等基础的项目，同时充实了步态生物力学的内容。这个研讨会受到了一致好评。研讨会也使我们了解到，老师也在反复试验应该教什么，教学需要好的教材。本教材可以作为教师参考用书，也可以作为教材使用，还可作为学生们的自习书。

江原义弘

2010年3月

第二版序言

从 2009 年开始，“面向教师的生物力学教授法研讨会”改名为“基础生物力学研讨会”（初级篇、中级篇）继续举行。这个研讨会受到一致好评，该书也一直作为研讨会的教材。同时，这本书也被用于专业院校和大学的教科书，每次印刷的时候，教材中难以理解的地方都得以改进。非常高兴本书的第 2 版可以出版。在第 2 版中，我们决定不再使用以往用过的动作分析应用软件，而是通过将动画嵌入力来实现一体化。虽然操作的自由度减少了，但操作会变得比较直接，读者的便利性也会有所提高。

每次讲授生物力学课的时候，常常会遇到很多学生因不擅长物理学而完全听不懂的情况。同样，参加研讨会的大部分人也都不擅长物理学的知识。即便如此，很多学生通过本书学习生物力学，会越来越喜欢物理学。希望更多的临床工作者能把生物力学作为工具来使用。

江原义弘

2015年8月

教材使用说明

① 本教材既针对教师也针对学生而设计。

② 原则上，教师和学生用书是相同的内容，但是有一部分为了不让学生立刻看到答案而做了一些改动。

③ 正文所采用的动画请教师灵活地嵌入 Power Point 幻灯片中。将鼠标靠近嵌入的动画时，控制栏就会显示在画面下，所以请点击播放按钮开始播放（幻灯片放映时自动播放），在播放中点击按钮就会暂停，再次点击按钮会重新开始。教师根据想要观察的动作适当播放、暂停。

PowerPoint 2007 不显示控制栏，播放开始时请在画面上双击，暂停、重新开始时请在画面上单击。

④ 课堂教学部分是给教师阅读的，但编辑成学生也可以阅读，教师和学生共享这个信息，以建设教师和学生具有一体感的课程为目标。

⑤ 教师用书中，只有教师在教授课程的过程中使用，请帮助学生理解教材。例如在第一章开头，有必要说明“为什么要学习生物力学”。这个说明根据学校和学科的不同而有所不同。请教师用自己的说明和讲解来激发学生的动力。

⑥ 本书第 1 章至第 14 章，各章分别对应一个课时。

⑦ 如果课程由 15 个课时构成，最好从第 1 章开始到第 14 章依次上课，最后的第 15 章作为备用。

⑧ 如果课程由 8 个课时构成，如果重视基础项目的话，从第 1 章到第 8 章上课比较好。

⑨ 授课如果必须是 8 个课时学完生物力学的话，作为一个例子，可以考虑授课第 4、5、7、8、10、11、13、14 章。

⑩ 本书虽然是教材，但为了方便学生做笔记而设计了一定空白栏目，请鼓励学生在书上做笔记。

⑪ 从第 1 章开始授课时，在选修这门课之前需要具备有关于肌骨解剖学的初步知识、功能解剖学的初步知识、关节角度的初步运动学用语知识。没有选修这些的情况下，教师请随时补充说明。对于力学知识，我认为没什么特别的必要去补习，但是如果可以事先补习力学知识的话，请先从杠杆单元和速度、加速度、力量、运动单元开始。

⑫ 从第 1 章开始但不能按顺序讲授的话，需要让学生自学错过的章节。

⑬ 如果时间不多，比起讲授所有项目，更重要的是精简章节，使其完全理解所讲授的章节。

⑭ 作为授课推进方法的一个例子，用 60min 说明各章的内容，剩下 30min 作为记述式的小考试，有一种方法是不看教科书就把课堂上能理解的地方总结并写出来。使用这个方法的话，可以很好地知道学生在哪个地方不理解。

⑮ 将本书作为自学书使用时，请同时使用教师用书和学生用书，充分观察动画。

⑯ 下面写了“对课程的建议”与“学习心得”，请参考。

【对课程的建议】

1. 上课时直接进入正题。
2. 不要等待下课，要意犹未尽地结束课程内容。
3. 老师也预习一下吧。
4. 上课时多提问题。
5. 注意互动型授课。
6. 认真体会动作。
7. 灵活使用动画。
8. 黑板上的字要在 10cm 见方以上。
9. 考虑解说顺序。
10. 注意句子的停顿，说清楚。
11. 给学生留点时间做好笔记。
12. 与其包罗万象，不如把所讲的讲清楚。
13. 不要以为教师做了讲解，学生就理解了。
14. 只有学生自己能解说，才能确认学生已经真正理解了。

【学习心得】

1. 坐在教室最前排。
2. 下课时回想一下当天上课的重要项目。
3. 复习一下，补充一下笔记的不足之处。
4. 休息时间也要提问。
5. 上课多提问。
6. 小考试的错误要问同学，正确理解。
7. 在笔记本上写下当天上课的感想。
8. 边思考边记笔记。
9. 能给朋友说明上课的内容。
10. 边听边练习，边记笔记。
11. 赶紧练习记笔记吧。
12. 疑问点一定要提问。
13. 不能只是知道，要能灵活应用。
14. 去找老师问问题。

目录

第1章

力的合成与分解

本章学习目标：

1. 说明力的合成；
2. 说明力的分解；
3. 说明如何进行力的合成和分解。

力的合成和分解是生物力学中最基本的概念。在本章中，您将学习力的合成和分解的理论与方法。

图1.1

（森田千晶画. 漫画生物力学1. 日本义肢装具学会江原义弘设计. 南江堂，东京，1994. P12得到转载许可，做了部分修改）

我们思考一个例子，两位车站工作人员试图抬起一位坐在轮椅上的女士。在这种情况下，力 F，即两位车站工作人员施加的力 F_1 和 F_2 的合力，将支撑起轮椅及女士的重力 W。F_1 和 F_2 的合力是 F。现在想想合力 F 是如何通过 F_1 和 F_2 这两个分力合成的。

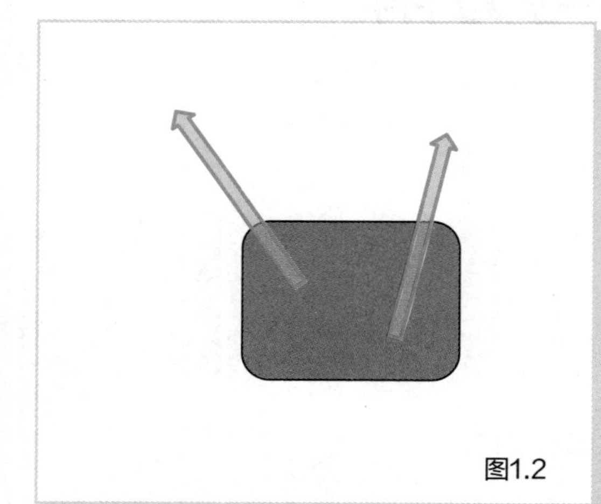

图1.2

不同方向的力的合成

在上面的例子中，力 F_1 和 F_2 是左右对称的。那么我们思考一下当两位工作人员施加的力不是左右对称的时候，你将如何合成这两个力？往往这种情况更为常见。

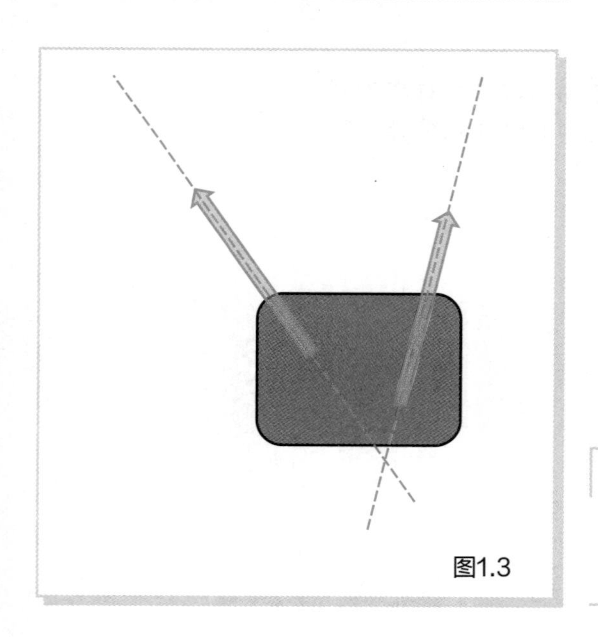

图1.3

提示 ☞

首先，延长这两个力的作用线。
请先尝试自己解决上述问题。

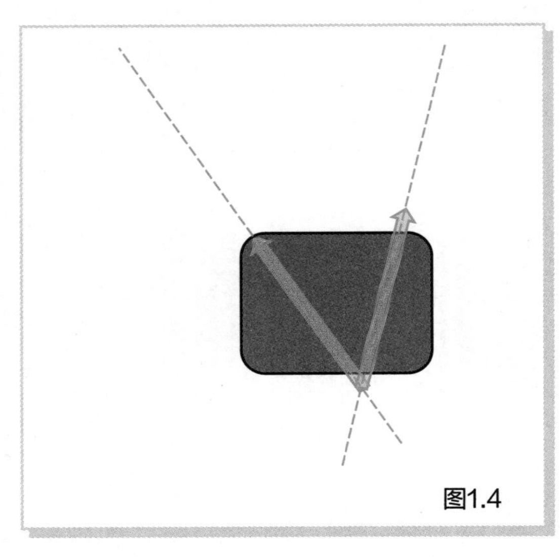
图1.4

把这两个力的作用线的交点当作原点。分别沿着各自的作用线将这两个力的作用点移动到原点。

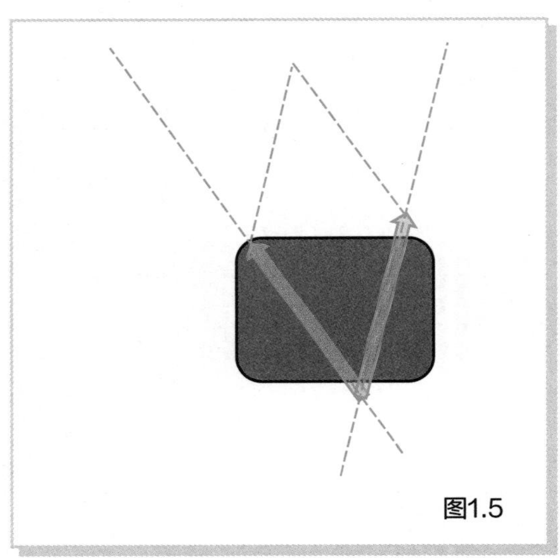
图1.5

将两个箭头的顶端作为顶点，绘制平行四边形，如图 1.5 所示。

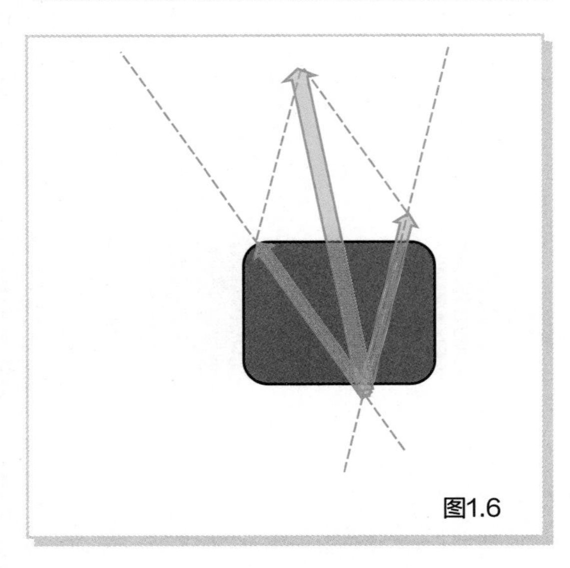
图1.6

从平行四边形的原点到相对的顶点画一条对角线即表示合力。

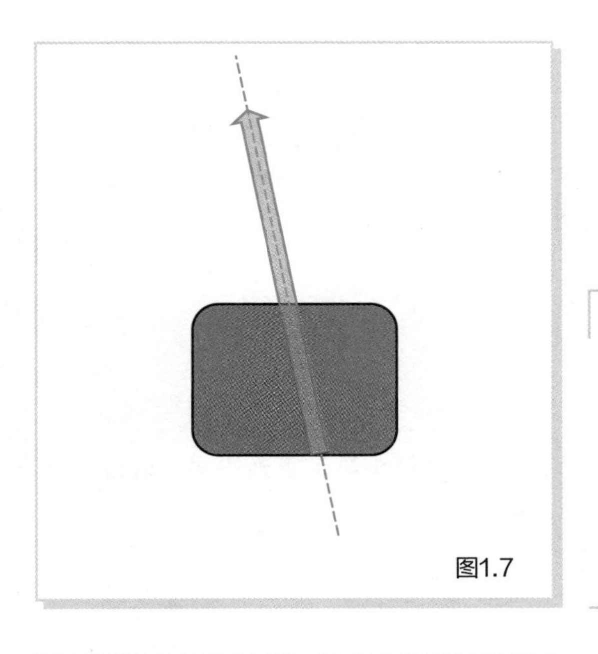

图1.7

如果延长合力的作用线，合力可以沿其作用线移动，这种移动不会改变力的作用。也就是说，你可以把力沿着它的作用线移动到任何地方。这就是在不同方向上合成两个力的方法。重点是：把两个力作为平行四边形的两个边时，平行四边形的对角线就是这两个力的合力。

图1.8

（前面提到的图1.1部分改变）

让我们回到前面描述的两名车站工作人员抬轮椅的例子。如果合力的方向与地平线不完全垂直，轮椅将无法有效、安全地被拉起。

为了很好地将轮椅向上拉起，两名车站工作人员应左右对称地拉上去。在这种情况下，F_1 和 F_2 的水平分量相互抵消，对于对抗轮椅和女士的重力不起作用。

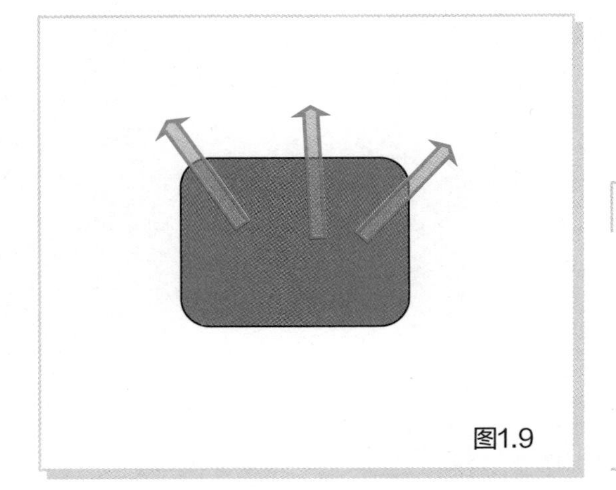

图1.9

三个或三个以上力的合成

下一个应用，我们来考虑三个力的合成。问题：这三个力的合力是什么？首先，将左侧和中间的两个力合成，形成一个合力。将这个合力和第三个力合成为最终的合力。

☞ 请试着自己回答这个问题。

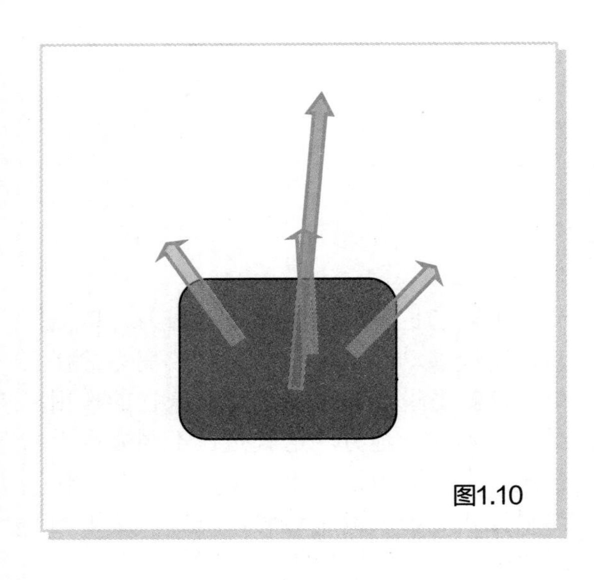
图1.10

红色箭头显示正确答案。请自己核实答案。

平行力的合成

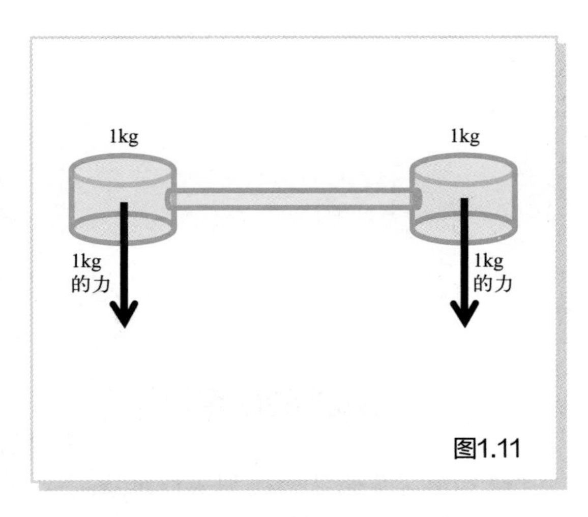

图1.11

在前面的例子中，我们描述了两个不同方向的力的合成。如果两个力的方向相同，也就是平行的话，则不能使用前面的方法，因为找不到作用线的交点。

在这种情况下，请按以下步骤操作。首先，让我们考虑两个力大小相同的情况。

如图 1.11 所示，将 1kg 的重物和 1kg 的重物连接起来。

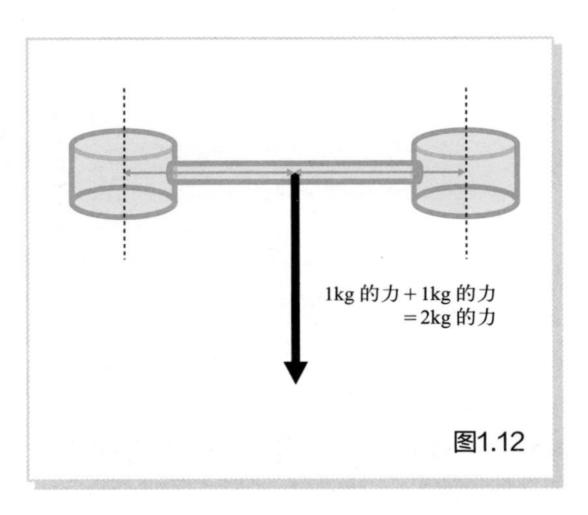

图1.12

在这种情况下，合力的大小是每侧力的两倍，即 1kg 的力 +1kg 的力 =2kg 的力。作用线穿过两个力作用线的中间点。这相当于在两者的重心上施加 2 倍重力的状态。

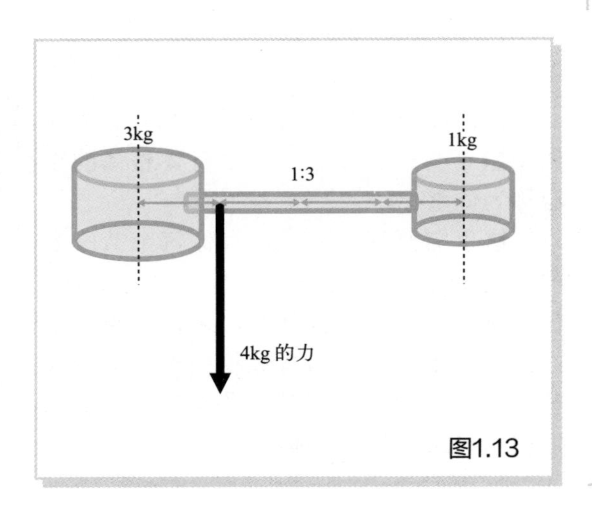

图1.13

如果这两个力是平行的，但大小不同，则合力的作用线通过与力大小之比成反比的点。例如，如果两个物体的重量分别为 3kg 和 1kg，力的比率为 3∶1，则合力作用线经过的位置与两个力的距离比为 1∶3。合力的大小为两个力之和，即 3kg+1kg=4kg 的力。

如图 1.13 所示，这个合力相当于作用在一个 3kg 和 1kg 联合物体的重心（COG）上的重力（物体的重量为 4kg，因此重力约为 40N）。所谓重心，就是物体各部分所受重力全部合成时，合力所通过的点。

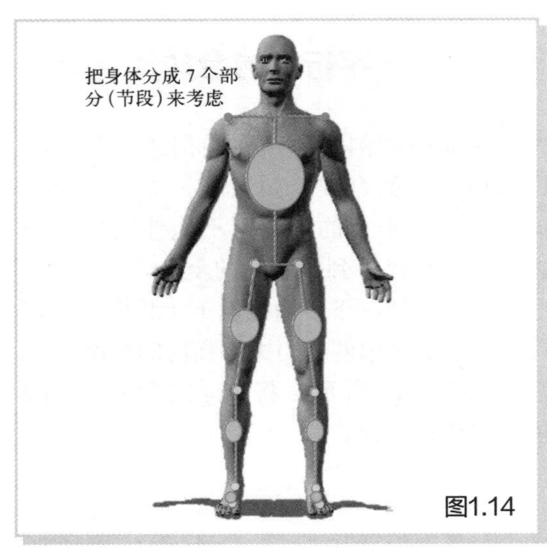

图1.14

人体上的应用

试着把这个想法应用到人体上。把人体分成七个部分（节段）来考虑。

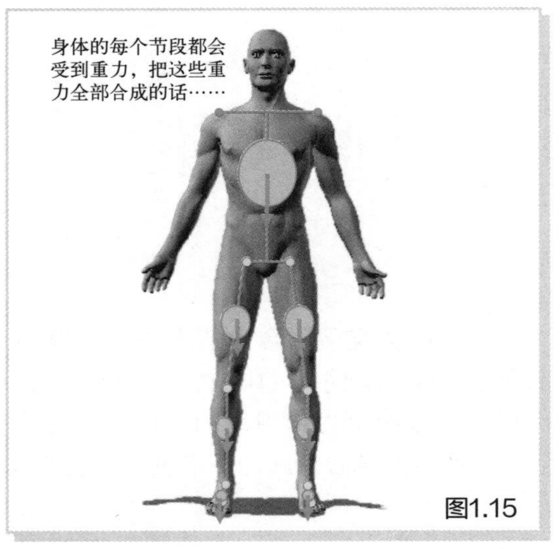

图1.15

身体每个节段的重力都作用在各自的重心上，将其全部合成的话，合力通过整个身体的重心。

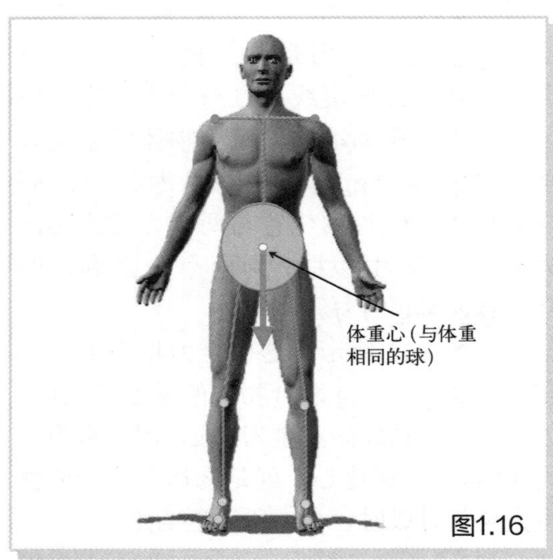

图1.16

7个部分的重力合成1个合力，合力作用于整个身体的重心。这个身体整体的重心称为体重心。

这里需要强调的是，身体每个节段上的力合成了一个力作用于体重心。如此，在基础力学中分析人体时，可以在身体重心的位置上用一个与身体相同重量的球来替代人体。因此，可以用考虑球所受合力的相同方式来考虑人体的合力。

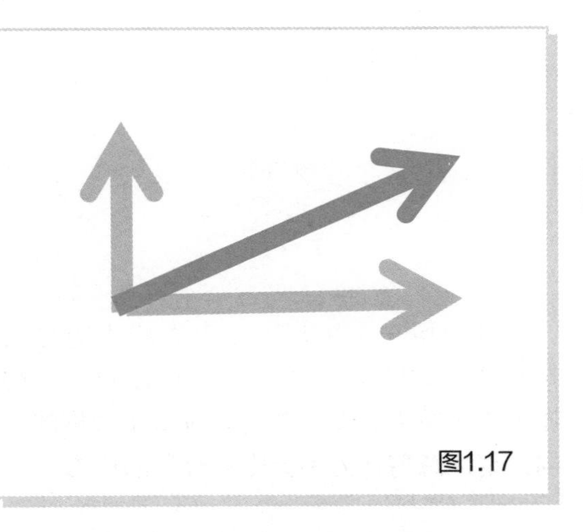

图1.17

力的分解

这一次，与力的合成相反，我们考虑力的分解。我们在矢状面内考虑红色的力。这个力可以分解成水平和垂直方向上的力。在合成力的时候，把这两个力作为平行四边形的两个边，合力为对角线。这次反过来，考虑把红色的力作为对角线形成的平行四边形。

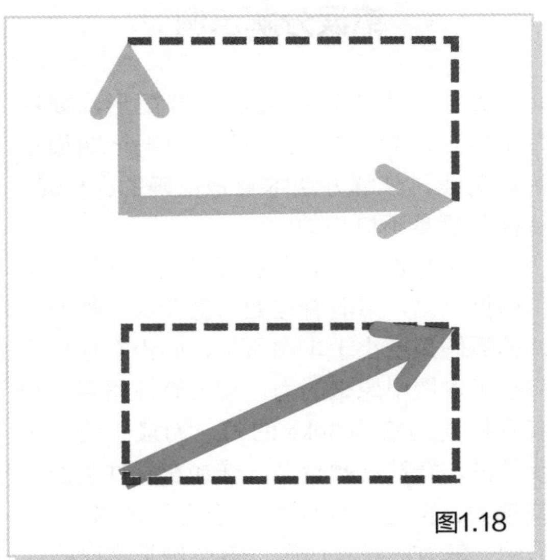

图1.18

力的分解本身从数学的角度来看，使用平行四边形是正确的。然而，在分析人体时，不建议使用平行四边形，请用矩形代替平行四边形，如图 1.18 所示。

虽然在图中我们看到三个力，但必须注意的是，这三个力并不是同时起作用的。当两个分解后的力（粉色）起作用时，第三个力（红色）不起作用，因为第三个力被前两个力取代。

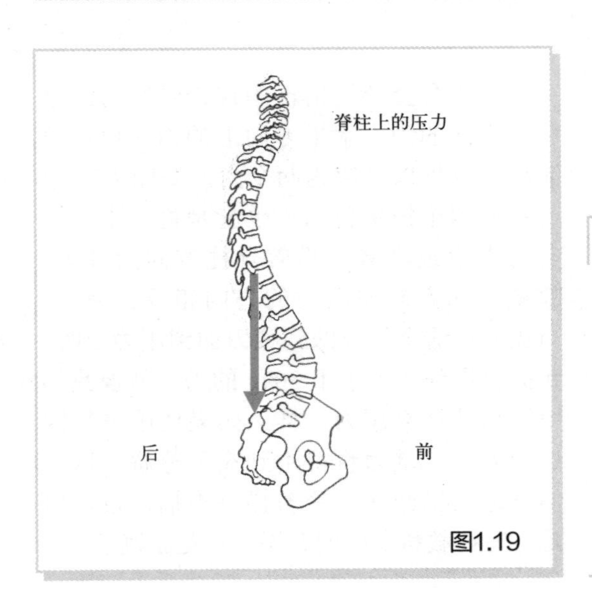

图1.19

脊柱上的压缩力

这是一个人体中应用的例子。如果着眼于脊柱的某个部位来考虑的话，图中显示了上部脊柱施加在下部脊柱上的重量。假设上侧的重量为 30kg，则重力（红色）近似为 300N。

问题：尝试将重力分解成一个垂直于椎体平面的压力和一个怎样的力呢？

☞ 试着先自己回答这个问题。

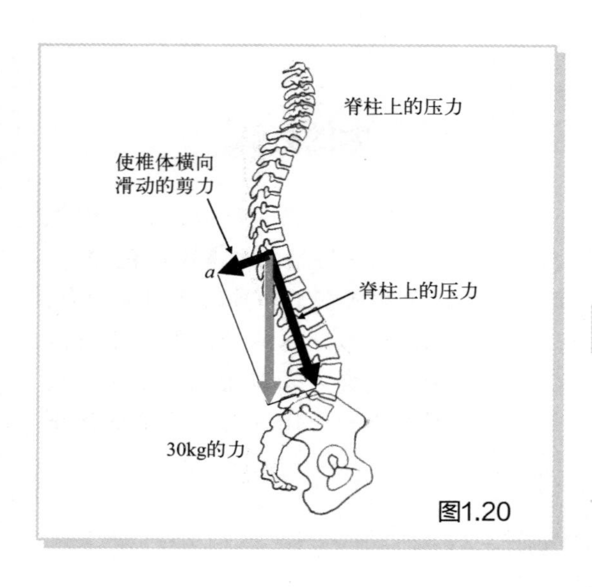

图1.20

设想用一个矩形，使重力成为矩形的对角线，如图 1.20 所示。施加在脊柱上的压力小于重力。图中剪力 a 垂直于脊椎的方向，请注意剪切力不会影响脊柱的压力。

错误分解示例

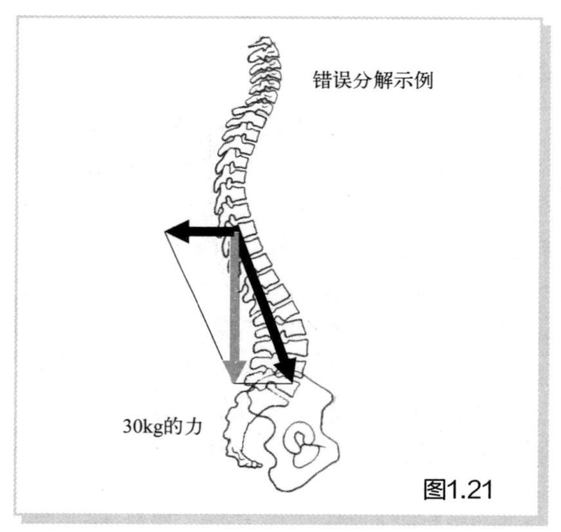

图1.21

如果使用平行四边形代替矩形，如图 1.21 所示，30kg 的力将被视为平行四边形的对角线。分解方法本身是正确的。但是，这样分解是不恰当的。

如果脊椎向后倾斜会怎样？从这张图中可以推测出，沿着脊柱的力会变大。如果脊柱的后倾角度小于本图所示，则沿脊柱的力将小于本图中原来的力。如果脊柱垂直，沿着脊柱的力将为 30kg 的力，为最小值。也就是说，脊柱后倾越多，施加在脊柱上的力就越大。但是，这样的推论明显是错误的。力的分解方法没有问题，但结论是错误的。

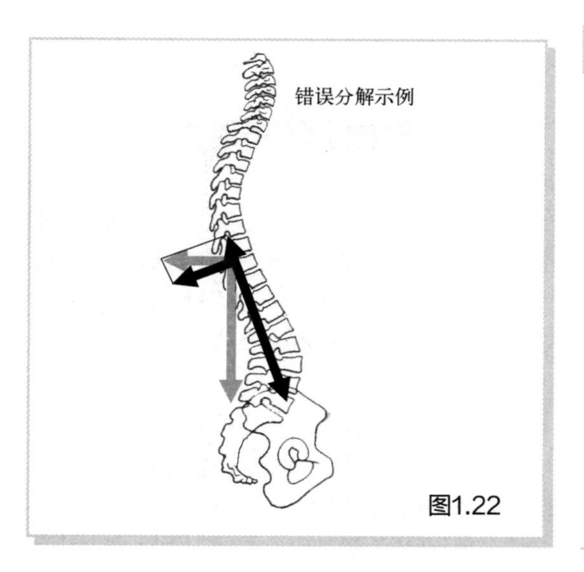

图1.22

为什么会产生错误的推论呢？请注意水平方向的力。水平方向上的力（短红色箭头）也可以分解为两个力，如图 1.22 中所示的两个短黑色力。也就是说，水平方向的力中也隐藏了沿着脊柱方向的分力。隐藏力的方向与压力的方向相反。因此，当我们把这个相反的隐藏力加到压力上时，我们会得到一个小于 30kg 的力，就像我们用矩形法计算压力一样。如果使用平行四边形方法，重力将得不到充分分解。这个例子之前已经在一些教科书中描述过，但是，写在教科书中的并不一定是正确的。

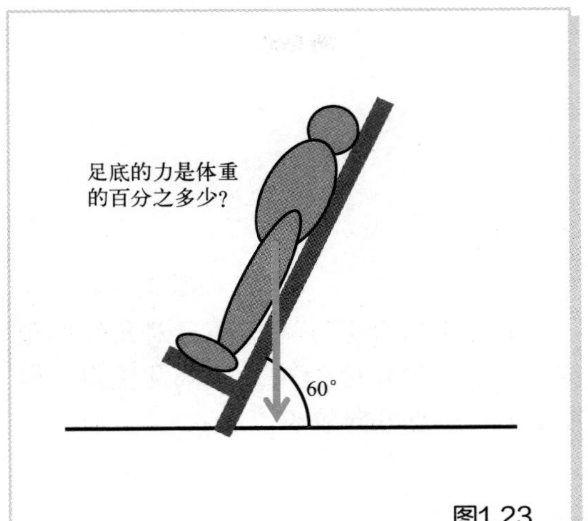

图1.23

练习题

如图 1.23 所示。当一个人靠在倾斜角度为 60° 的斜立床上时，足底的重量是体重的百分之多少？

cos60° 是 0.5，sin60° 是 0.87。

☞ 请先尝试自己解决这个问题。

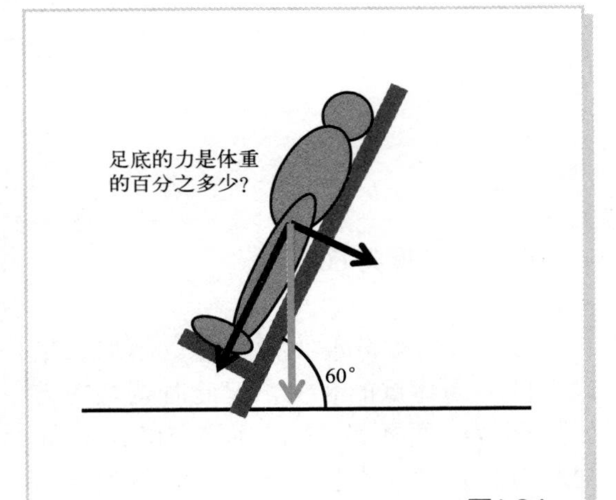

图1.24

提示 ☞

要解决这个问题，我们必须先进行力的分解。正确答案如图 1.24 所示。请注意不要犯图 1.21 案例中的错误。

课堂教学

许多学生在这里犯错误。请几个同学到黑板上画一下并检查。

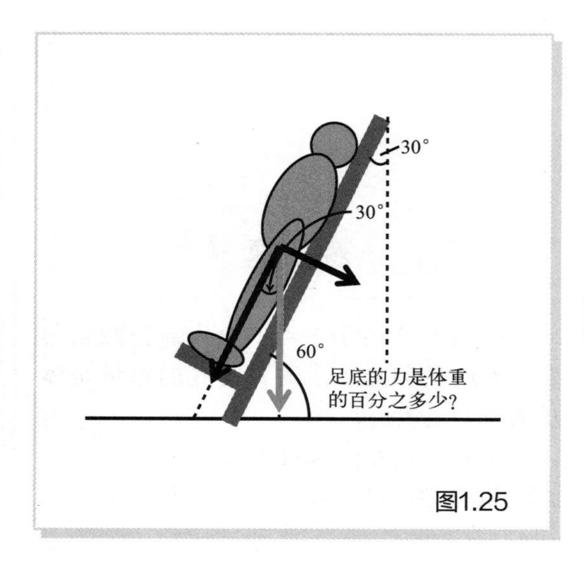

图1.25

如图 1.25 所示，考虑矩形对角线的角度。由于倾斜角度为 60°，因此垂直于鞋底的力与竖直方向成 30°角。

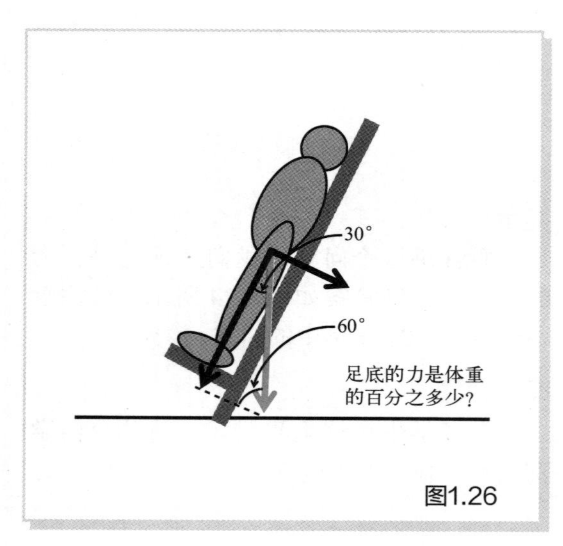

图1.26

图中的角度为 60°。

注：重力被分解为两部分。施加在足底上的力为体重的 87%，但此时剩余的力（另一个力）并不是 13%，而是 50%。即如果将分解后的力直接相加，不会得到合力的值，因为两个力的方向不同。

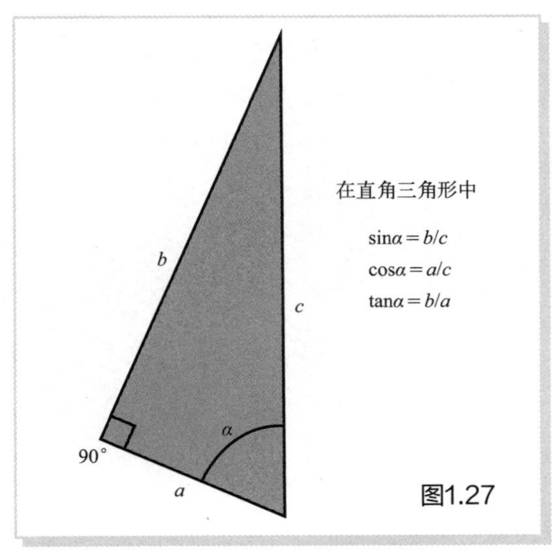

图1.27

三角函数复习

让我们回顾一下这个例子中的正弦、余弦和正切。如图 1.27 所示一个直角三角形，设斜边为 c，底边为 a，垂直边为 b。此时，$\sin\alpha$ 是 b/c，$\cos\alpha$ 是 a/c，$\tan\alpha$ 是 b/a。求正弦时，角的对边为分子，求余弦时，与斜边一起形成角的一边为分子。

课堂教学

相当多的学生忘记了正弦、余弦和正切。请留出一段练习的时间。

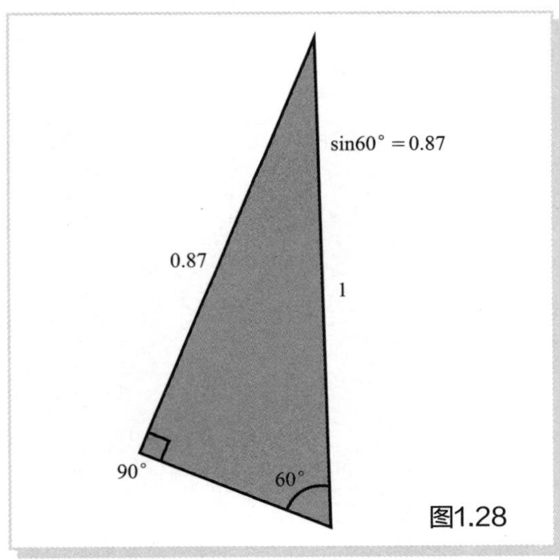

图1.28

图 1.28 显示了三角形边的长度比。右下角为 60°。1 的部分相当于受试者的重力。由于垂直于足底的分力是 60° 角的对边，我们需要使用正弦。由于 sin60° 为 0.87，因此垂直于足底的分力为 0.87。因此，这个分力占体重的 87%。

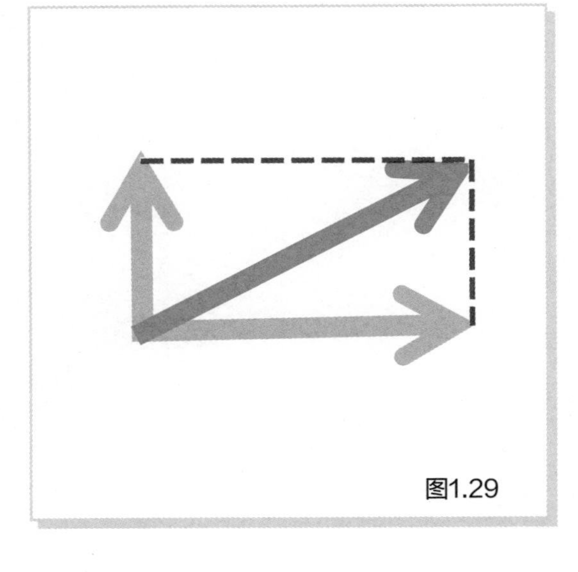
图1.29

小结

在力的合成中，以两个力作为两边，做一个平行四边形，对角线就是合力。如果力是平行的，则合力的大小是两个力的大小之和，作用线通过靠近较大力的位置。分解力的时候，把要分解的力变成矩形的对角线即可。

第2章

杠杆系统在人体中的应用

本章学习目标：

1. 了解杠杆系统；
2. 了解杠杆系统在人体上的应用方法。

有些学生可能没有学过力学。不过没关系，因为你应该了解科学中的杠杆系统。每个人都很了解杠杆系统。虽然大家学习了杠杆的基础知识，但这并不意味着能将其应用于人体。我们将在这一章里学习如何将杠杆应用于人体。

杠杆系统

让我们回顾一下关于杠杆系统的知识。图 2.1 中杠杆平衡时所需的力（kg）是多少？你可以用心算来解决这个问题，长度比是 4∶1，所以力与重物的比例为 1∶4，然后力为 10kg。请绝对不要做这种心算。

相反，建立这样的方程：F（kg）×4（m）=40（kg）×1（m）。

此时请务必添加单位 kg 和 m。科学不同于算术。在数学中，只处理数字，但在科学中，我们处理的是物理量，而不是数字。

重量是 40kg 而不是 40。长度是 1m，不是 1。写完上述等式后，计算 F（kg）。

此时将等号左侧的 4m 移为右侧的分母。

别忘了在这里附上单位 m。然后，因为分子中有 m，分母中也有 m，所以这些单位可以抵消。由于 kg 不能抵消，保留即可。答案是 10kg 而不是 10。

在这里，10kg 的力乘以 4m 的长度被称为力矩。杠杆系统的平衡意味着方程左侧的力矩等于右侧的力矩。

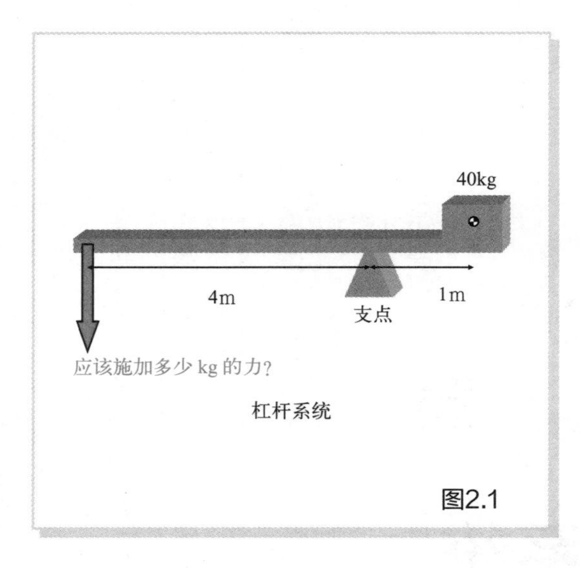

图2.1

在理解杠杆系统的概念后，请解决以下问题。离支点 1m 处有 60kg 的重物。那么，距离支点 3m 处支撑该重物所需的力 F 是多少？

课堂教学

确保每个学生写下力矩公式并检查他们的答案。请花足够的时间直到每个人都可以正确解答。

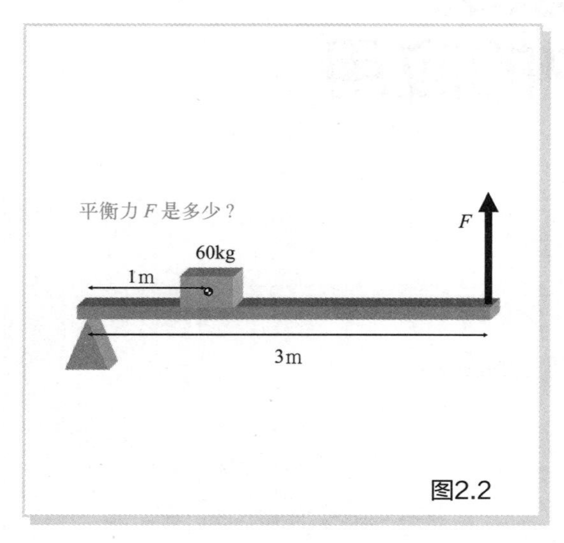

图2.2

请解答这个问题。距支点 3m 处有 60kg 的重物。当在距支点 1m 处施加力 F 以保持平衡时，F 是多少？

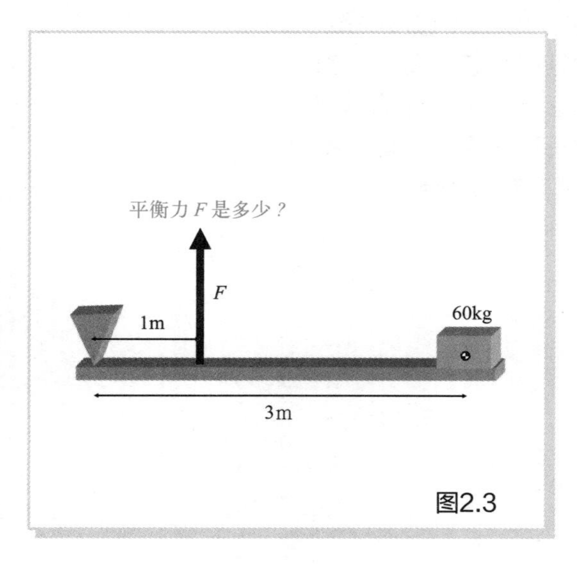

图2.3

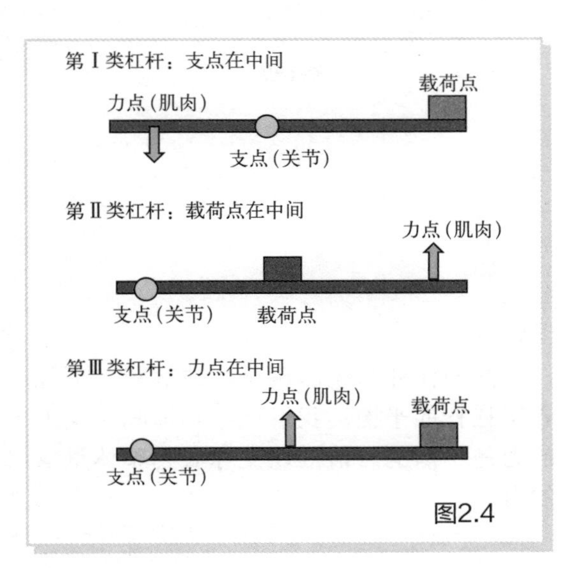

图2.4

力矩：表示力使物体绕支点转动效应的物理量。

力矩的大小取决于力的大小、力的方向、力臂（力的作用线与支点的垂直距离）

力矩 = 力的大小 × 力臂

力矩单位：N · m

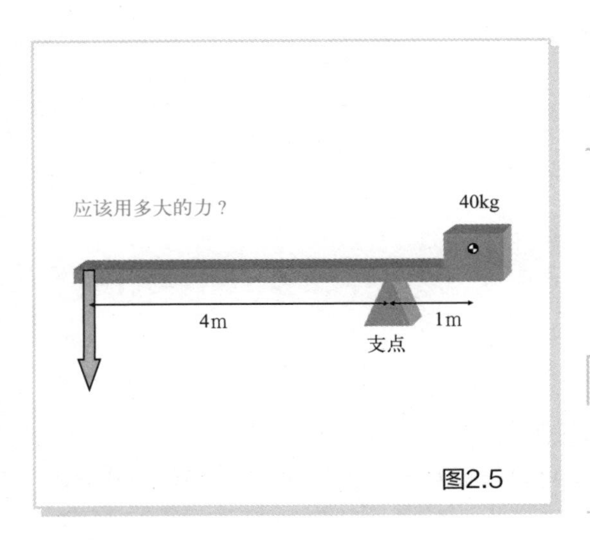

图2.5

让我们总结一下杠杆系统的三种类型：

首先，我们将支点在中间的杠杆系统称为第Ⅰ类杠杆。其次，载荷点位于中间的杠杆称为第Ⅱ类杠杆。载荷点也称为作用点。第三，把力点在中间的杠杆称为第Ⅲ类杠杆。

如果是人体的话，可以认为支点在关节处，力点是肌肉的附着点，载荷点是施加重量的点。

杠杆系统的复习

让我们再次回顾杠杆系统的概念。力矩是表示力使物体绕支点转动效应的物理量。力矩的大小由力的大小、方向以及力的作用线与支点的垂直距离决定。我们把力的作用线与支点的垂直距离称为力臂或杠杆臂。

力矩的大小是“力的大小 × 力臂”。

力臂始终是沿着从支点垂直于力线的方向来测量的。

在上面的例子中，我们用 kg 来表示力，但力的国际单位是牛顿（N）。

对于 1kg 的物体，请记住作用在 1kg 物体上的力为 10N（更准确地说是 9.8N）。

由于力矩是力乘以力臂，因此力矩的单位为 N · m（牛顿 · 米）。

☞ 让我们来练习一下使用牛顿（N）单位。当图中的杠杆平衡时，所需的力是多少牛顿？（答案显示在下一页底部）

图2.6

课堂教学

作为杠杆系统的例子，请解释一下晾衣架杠杆的平衡。我们已经知道晾衣架上的力是平衡的。请描述支撑衣物整体重量的力。

（上一页的答案）

F（N）×4（m）=400（N）×1（m），答案是100N。

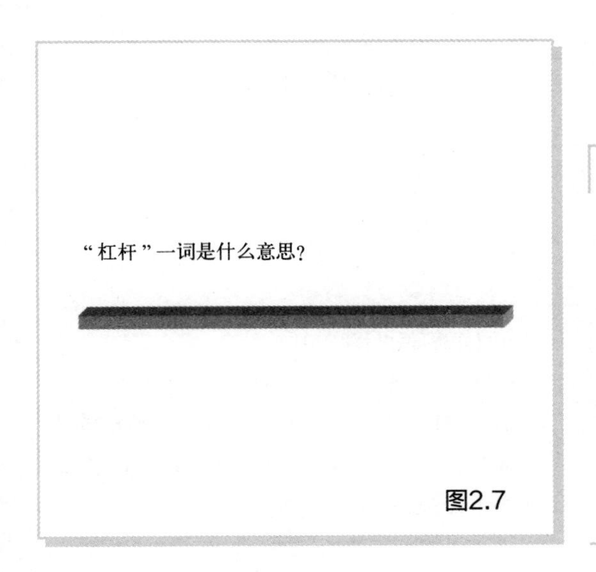

图2.7

人体中应用的窍门

复习完杠杆之后，要说明它在人体上的应用。也就是说，更好地理解杠杆系统在人体中指的是什么，哪个部分是杠杆。

杠杆就是图 2.7 中的杆。当杠杆系统应用于人体时，杠杆的形状不是杆。正确看清身体的哪个部位相当于这根杆是很重要的。为此，我们需要练习。

以前也许没有进行过这个练习。从现在开始，我们将讲解它在人体上的应用。

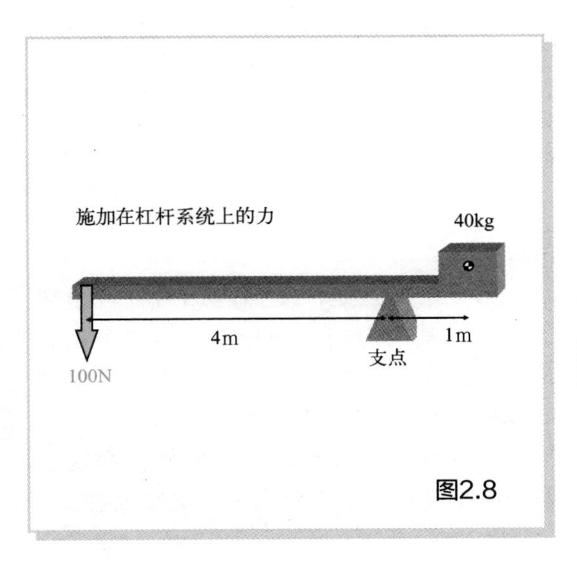

图2.8

☞ 在进入正题之前，我们先练习一下。请在图 2.8 的杠杆例子中，用箭头表示 40kg 力在杠杆上的位置。试着自己解决这个任务。

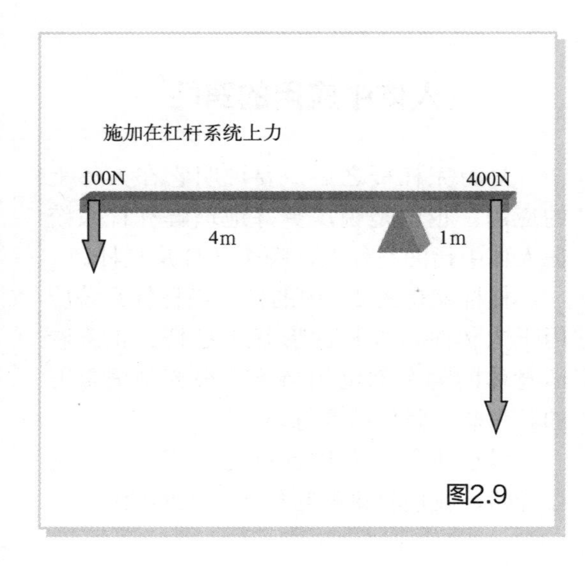

图2.9

正确答案见图 2.9。

支点上承受的力是多少？

由于杠杆在支点处同时承受 400N 的力和 100N 的力，所以如图 2.10 所示，支点上承受的力总共为 500N。

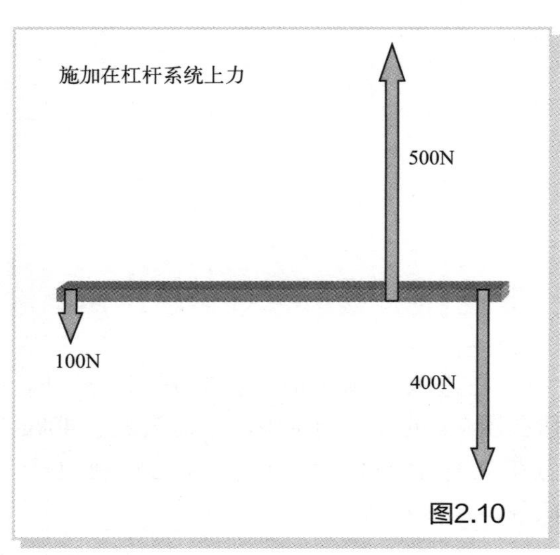

图2.10

第一个重点是，支点施加给杠杆系统上的力与其他力的方向相反。第二个重点是，这三个力相加后，这三个力相互抵消变成零，看图 2.10 可以推测出来。

当杠杆系统静止时，任何杠杆系统都是如此平衡的。请不要忘记，这些很重要。

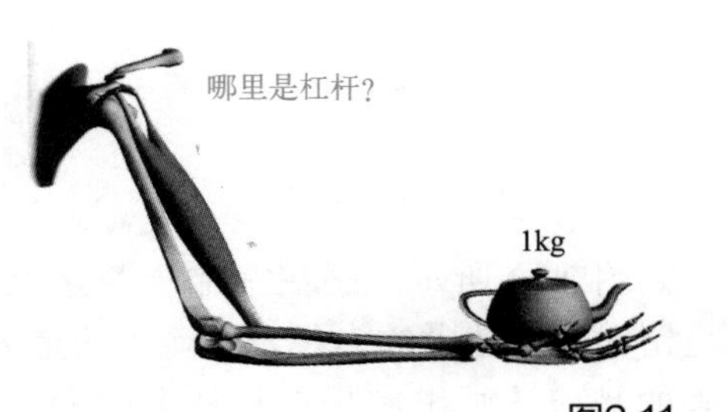

图2.11

（樱木晃彦，武田美幸. 针对CG创作者的人体解剖学. 骨骼数码，东京，2003. P8得到许可转载）

现在，我们要进行一些实践练习。图2.11中哪个部分是杠杆？答案是前臂和手（组合）代表杠杆。肘关节是支点。肱二头肌与前臂相连的部位是力点。茶壶的重力位置代表作用点（载荷点）。

☞ 接下来，请先尝试在杠杆上画出作用在载荷点和力点上的力。

课堂教学

在这里，为了简化，手腕处不再画关节，将前臂和手一体化来分析。

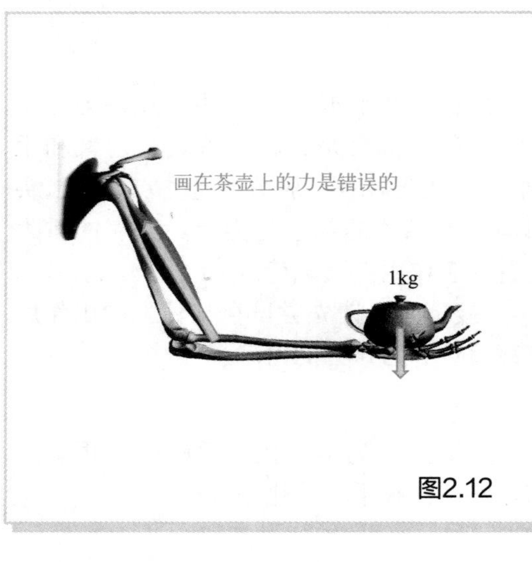

图2.12

如图 2.12 所示，画在施加于茶壶上的力是错误的。图中的力代表茶壶上的重力。正确的是应该画出施加在杠杆上的力。杠杆在哪里？杠杆是前臂和手，而不是茶壶。这就是为什么要问身体的哪个部位是杠杆的原因。

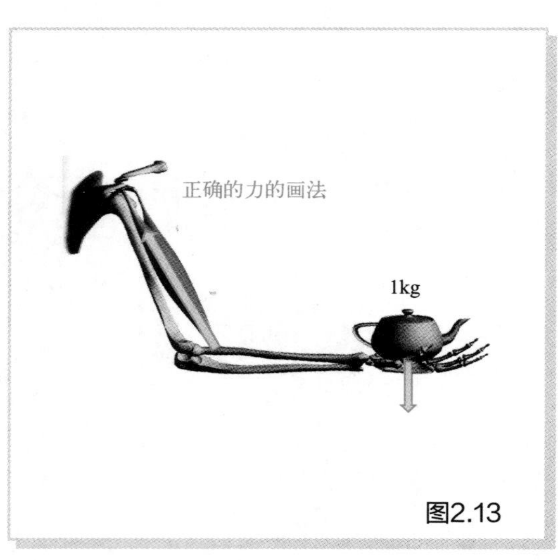

图2.13

图 2.13 是正确答案。

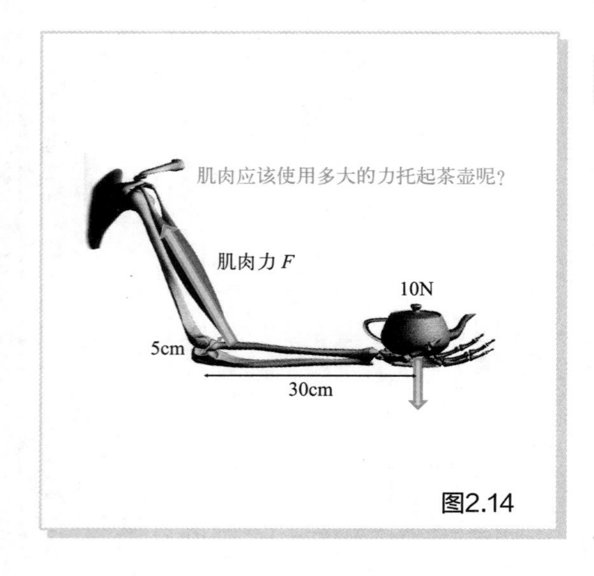

图2.14

肌肉应该使用多大的力（F）来托起茶壶？支点是肘关节。

由于作用在手的作用点上的力是垂直的，因此水平测量从支点到 10N 力的距离即可。假设这个距离为 30cm。肱二头肌的作用线是倾斜的。因此，从肘部到该作用线画一条垂线。请注意，它不是水平的。假设这个距离为 5cm。

公式为 $F\times5\text{cm}=10\text{N}\times30\text{cm}$，则力 $F=60\text{N}$。在这里，肌肉所需的力大于茶壶的重力。

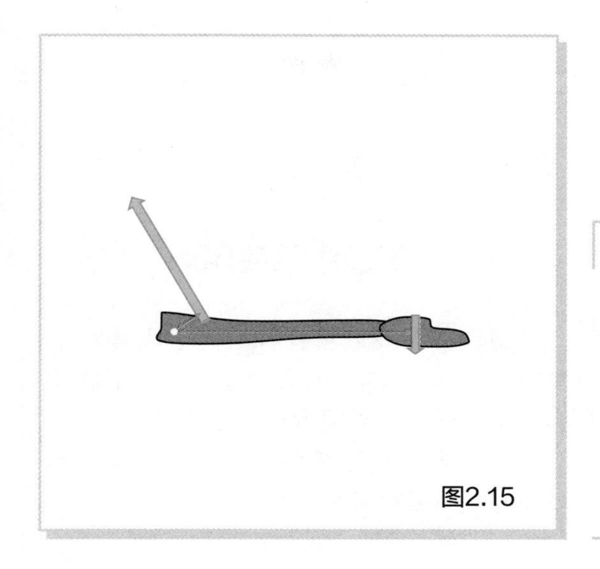

图2.15

如果将图 2.14 的情况简化为杠杆画出来的话，就如图 2.15 所示。这里肌肉所需的力大于茶壶的重力。

像这种情况一样，在人体中，杠杆通常需要比较大的力。通常情况下，杠杆是使用较小的力来产生很大的力。但在人体中却相反，杠杆将大的力变为小的力。

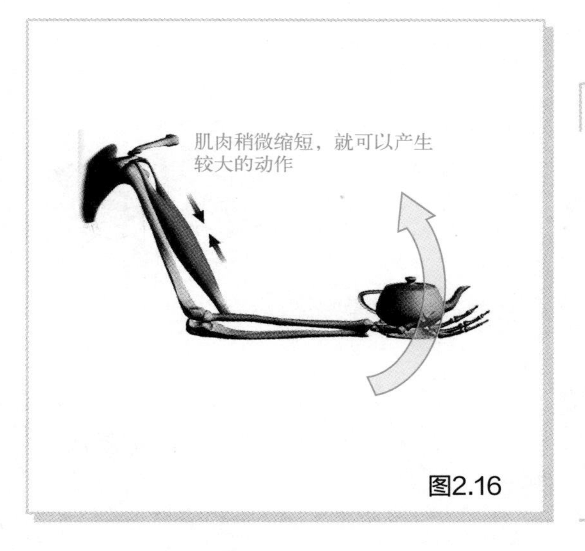

图2.16

那么，这种杠杆系统的优势是什么？请看图 2.16，手的运动范围非常大。虽然肌肉需要六倍的力量去运动手，但肌肉只需稍微收缩，就可以获得六倍的运动范围。同时，这还意味着肌肉收缩的速度在载荷点被放大了六倍。在自然界中，这种基本的生物力学结构是很常见的，比如当动物需要采取快速动作逃离捕食者或捕捉猎物时。这就是第Ⅲ类杠杆，力点位于支点和载荷点中间。

下肢中的应用

现在，让我们将杠杆应用于人体的下肢。一个体重 60kg 的人踮起脚尖单下肢站立。小腿三头肌需要多少牛顿的力？

要想弄清楚这个问题，首先，我们需要清楚肢体哪个部分是杠杆。

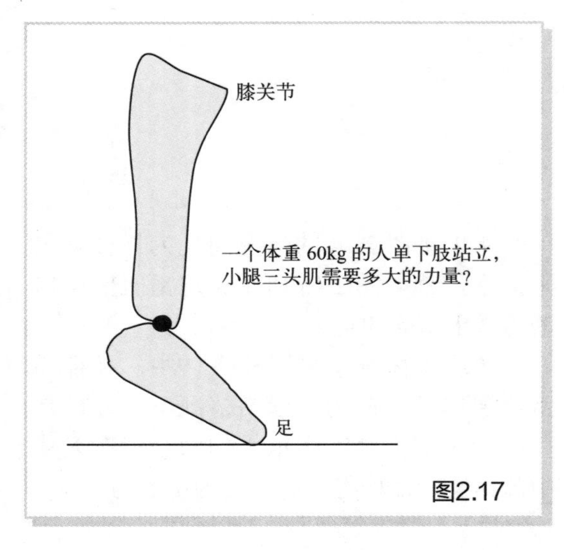

图2.17

当足部被视为一根杆时，足部就成了杠杆。

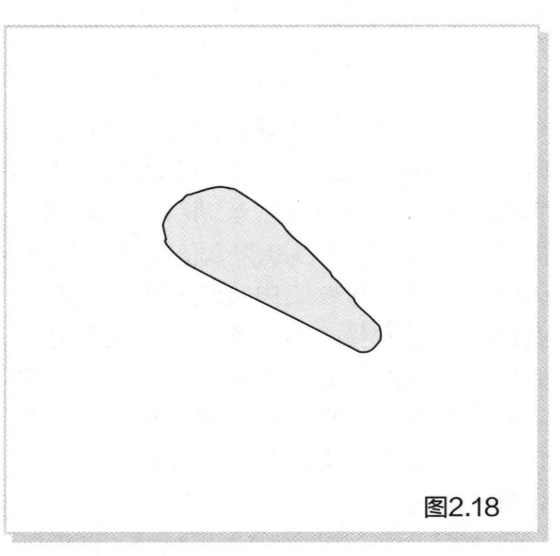
图2.18

接下来，考虑一下支点在哪里。踝关节是支点。在人体中，关节往往是支点。

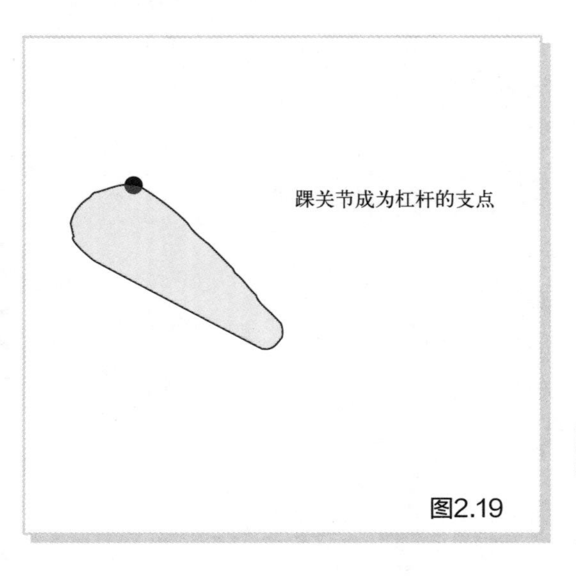

图2.19

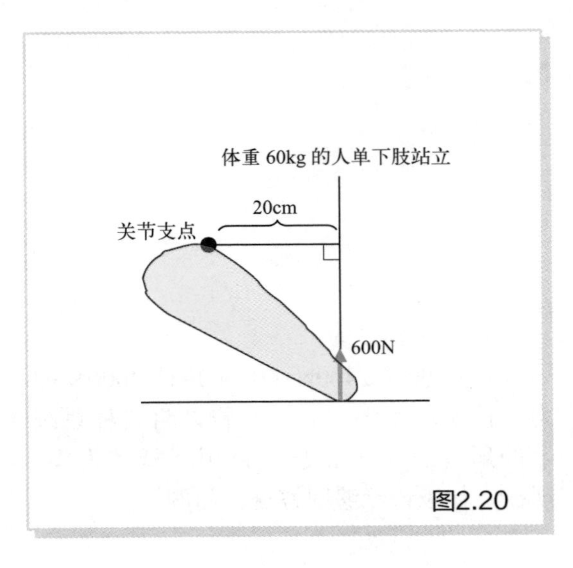

图2.20

接下来让我们确定载荷点。由于足尖会受到地面反作用力的作用，这里就是载荷点。假设支点到载荷点的垂直距离为20cm。关键是要记住，到支点的距离是沿着垂直于力的作用线的方向测量的。在这种情况下，地面反作用力是垂直的，因此水平测量到支点的距离即可。

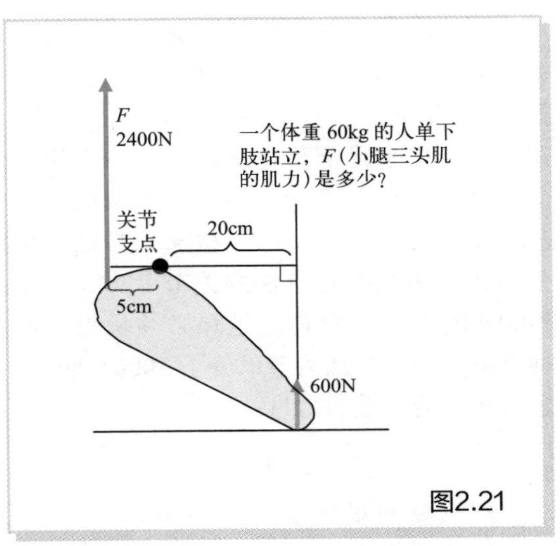

图2.21

最后，让我们考虑一下力点。力点是小腿三头肌的附着部位。从支点（踝关节）到力点的距离为5cm，如图2.21所示。一旦我们确定了小腿三头肌的力点和地面反作用力，我们就可以计算出小腿三头肌的力 F。

$600\text{N}\times 20\text{cm}=F\times 5\text{cm}$

$F=600\text{N}\times 20\text{cm}/5\text{cm}=2400\text{N}$

这里需要注意的是，小腿三头肌所需的肌肉力量是身体重量的四倍。一些参考文献称，踮起足尖时，小腿三头肌所需的力量小于体重，这是不正确的，这错误地应用了动力学。

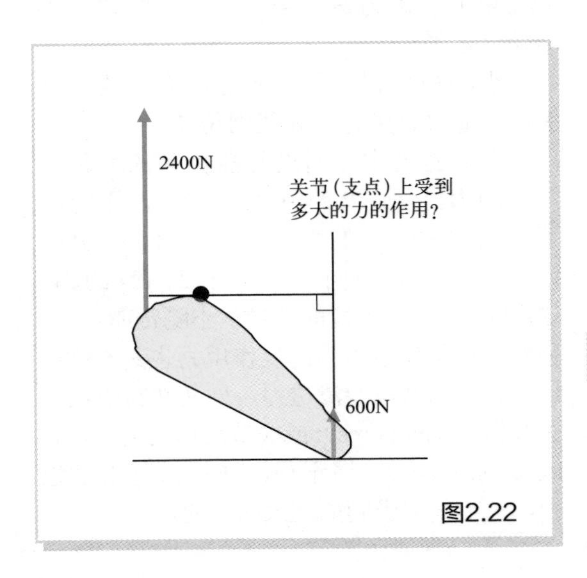

图2.22

关节（支点）上受到多大力的作用？

课堂教学

请花些时间解决这项任务。让学生们互相商量讨论。

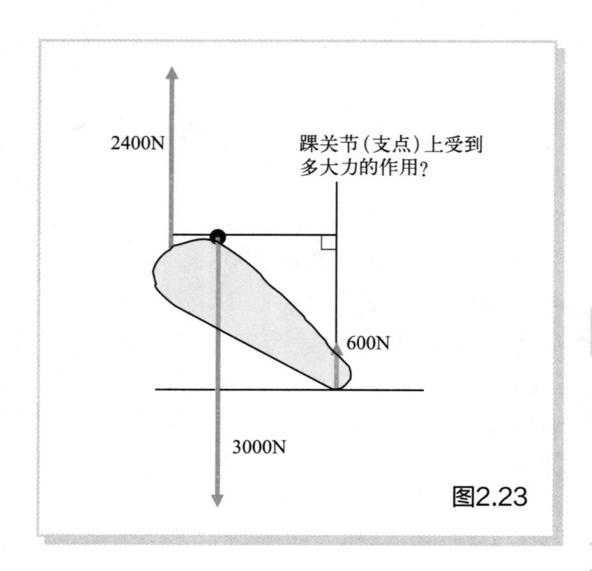

图2.23

正确答案

支点承受2400N+600N共计3000N的力。正如前面学习到的一样，将杠杆系统上的所有三个力相加，将相互抵消为零。现在，你应该能够回答这个问题。

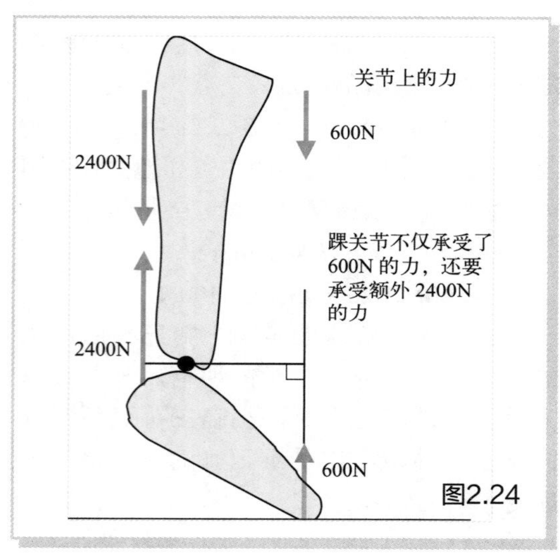

图2.24

然而，你可能不相信踝关节承受的重量是你体重的五倍。但仔细想想，首先足踝以上的身体已经承受了600N的重力。在这里，由于足部重量轻，因此不考虑足部的重量。在跟腱处，小腿三头肌施加了2400N的力，将足跟向上拉起。当然，由于小腿三头肌的起点在踝关节上方，它以2400N的力拉下身体。足踝必须承受这两种力量。因此，踝关节承受了3000N的力，也就是5倍体重的力量。

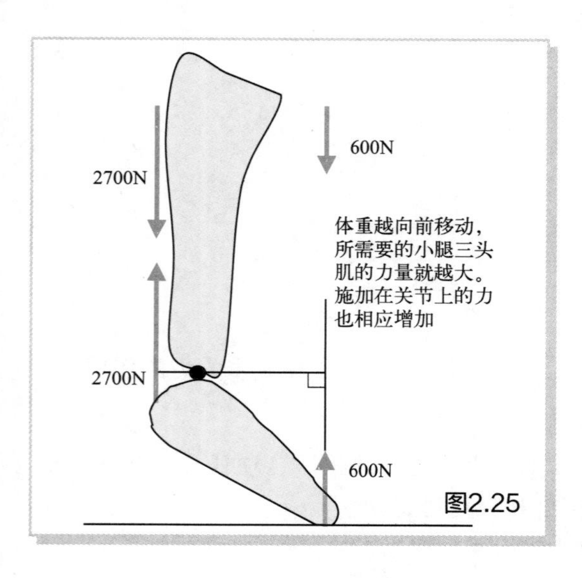

图2.25

重量越向足趾移动，如图2.25所示，所需要的肌肉力量就越大，关节间的力也会随之增加。

小腿和足相互作用，这种力主要通过关节（通过骨到骨）和肌肉传递。

在这些力中，通过骨骼传递的力称为关节间力。从图2.23中可以看出，小腿向下施加的3000N的力，即关节间力。另一方面，通过肌肉向上施加了2400N的力。这意味着总共600N的力量从小腿传递到足。当然，从足传给小腿的反作用力也是600N。这个力称为节段间渗透力，外文文献中也称关节力（Joint Force）或关节反作用力（Joint Reaction Force）。请记住，在日常行走过程中，关节是会受到如此大的力的。

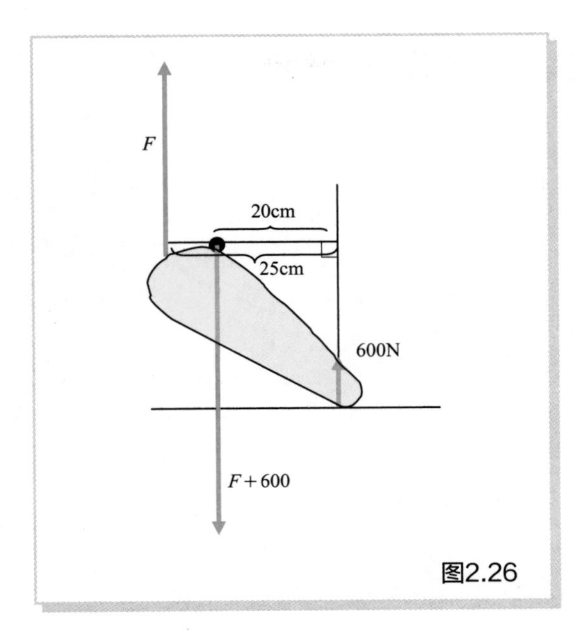

图2.26

课堂教学

当考虑杠杆系统时，也有一种方法将足尖视为杠杆的支点。也就是说，足被视为第Ⅱ类杠杆，在这种情况下，人们错误地认为施加在足踝上的力是600N。

如图2.26所示，施加在踝关节上的力是体重和小腿三头肌的力F之和。在这种情况下，以足尖为支点，平衡方程如下：（F+600N）×20cm=F×25cm。你可以整理这个方程式来计算F。

F×20cm+600N×20cm=F×25cm

F×（25cm–20cm）=600N×20cm

F=2400N

无论是将足尖还是踝关节作为支点，你同样可以得到正确答案。但是以足尖为支点，是按照第Ⅱ类杠杆考虑。错误往往发生在计算上。如果以踝关节为支点，则是按照第Ⅰ类杠杆考虑，就不会发生错误了。

小结

本章重点内容是要确定人体的哪个部位是杠杆系统，并考虑施加在杠杆系统上的力。

第3章

重心（COG）的计算

本章学习目标：

1. 说明杠杆系统；
2. 说明重心的概念；
3. 说明如何计算重心；
4. 理解姿势的改变如何影响重心。

大家都知道重心。但是很少有人能够正确地理解重心。能够正确解释重心是理解生物力学应用的第一步。

杠杆系统的复习

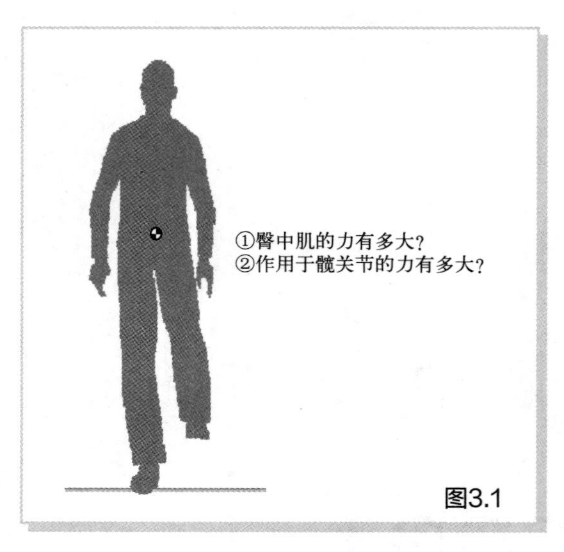

图3.1

针对杠杆系统的复习，让我们来做一些额外的练习。

我们思考一下，当单下肢站立时，臀中肌所需要的肌肉力量以及髋关节上的关节间力。在这个例子中，首先需要明确杠杆在哪里？髋关节力是作用于髋关节上的力，也就是杠杆支点所在的位置。

课堂教学

上面这个问题对于学生来说相当有挑战性。请花些时间来帮助学生。

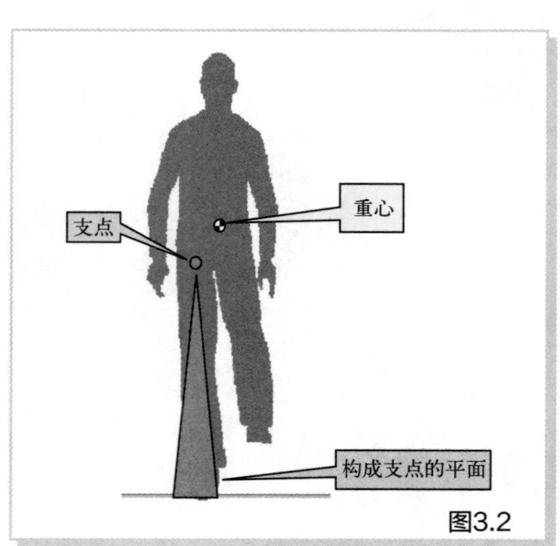

图3.2

单下肢站立时的体重是减去支撑侧下肢的重量。髋关节是支点。也就是说，我们考虑以髋关节作为支点来支撑上半身的重量（上半身 + 另一侧抬起的下肢）。图中标记出了“上半身 + 另一侧抬起的下肢”的重心（载荷点）。

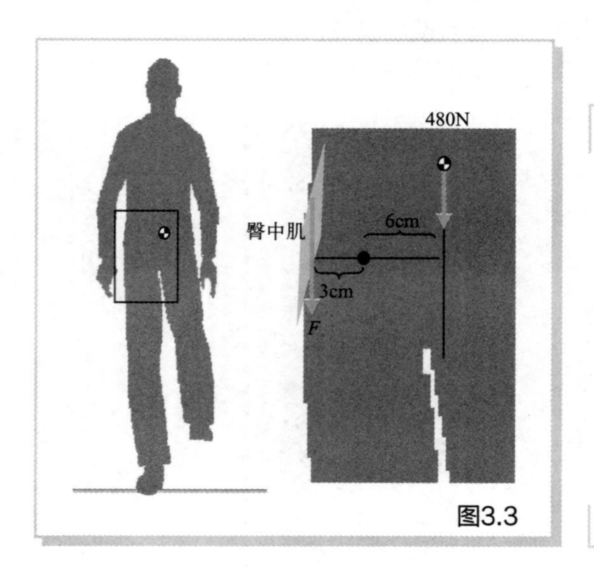

图3.3

重心和髋关节的水平距离是 6cm。“上半身 + 抬起的一侧下肢”的重量大约为体重的 80%。我们假设体重为 48kg。也就是说，重力为 480N。

这个杠杆的力点是臀中肌在骨盆上的附着点。我们假设髋关节（支点）和臀中肌附着点的水平距离为 3cm，臀中肌的拉力为垂直方向。

作为参考，身体各部分的重量比大约是上半身占 60%，单侧下肢占 20%。

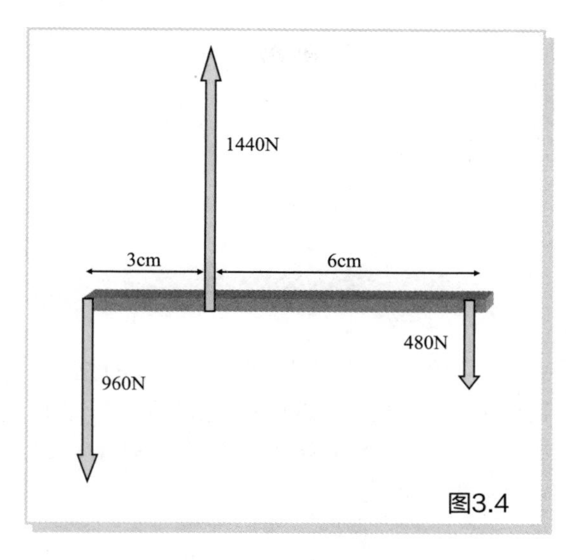

图3.4

然后，我们可以计算出臀中肌的力量为960N，关节间力为1440N。在这里，作用在髋关节上的力为向上方向，这不是很奇怪吗？当然，你可以认为这个力的方向是向下的。力的方向向上是因为它是杠杆在髋关节处受到的力。相反的，向下的力是作用在支撑点的，它构成了杠杆的支点。

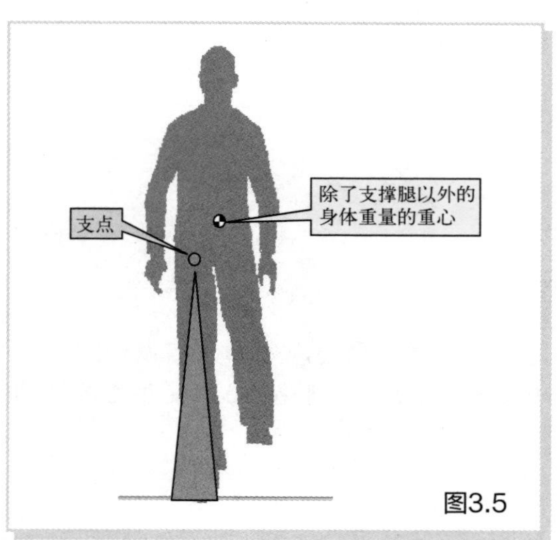

图3.5

我们刚才考虑的单下肢站立时身体的重心是除去支撑侧腿重量之后的重心。髋关节是支点。这个时候大家会不会有疑问？你认为有必要单独考虑右侧或者左侧身体的重心吗？因为单下肢站立时，身体左侧的重量会使得身体向左倾斜，身体右侧的重量会使得身体向右侧倾斜。

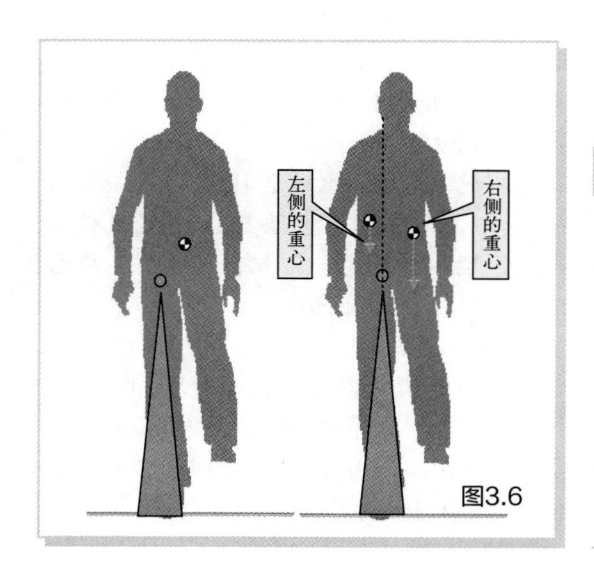

图3.6

无需担心。

以支点为中心将身体分为左右两个部分考虑的话，右侧身体的重心与图3.5相比更加靠右一点。左边身体的重心在支点的左侧。整个身体的重心是这两个重心的合成，也就是图3.5中去除支撑侧下肢所显示的身体重心。当我们像这样考虑一个物体的重心时，可以将物体所有的质量都集中到重心上。

图3.7

重心的确定

让我们考虑一下如何计算重心的位置。我们假设球是由均质材料制成的，则球的中心是重心。如果球中心的坐标是 x_1，那么重心的坐标也是 x_1。

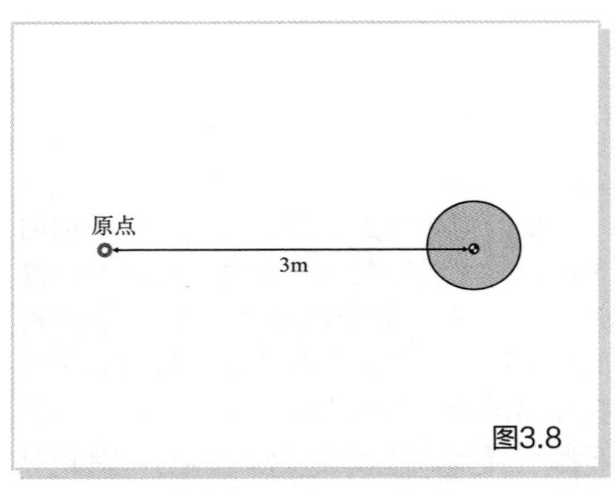

图3.8

为了表示重心，如果原点设在距离球中心 3m 的地方，那么 3m 就是重心位置的坐标。

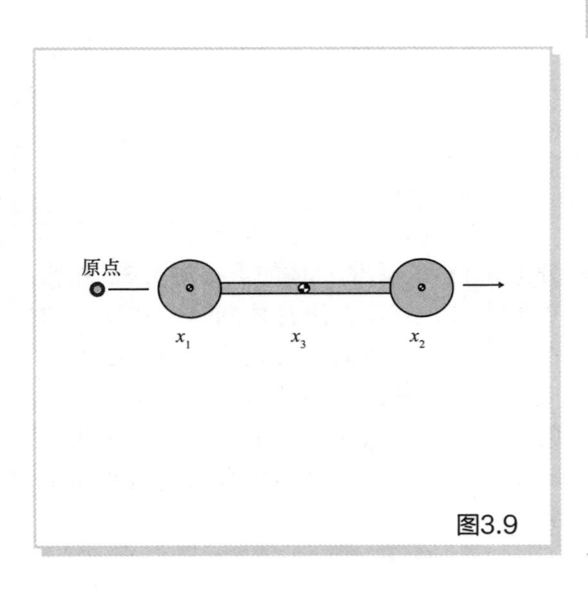

图3.9

现在让我们考虑一下当两个物体相连时的重心。连接两个相同重量球的长杆的重心就是两个球中心连线的中点。我们用数学公式来表示一下：

假设 1 号球的重量是 1kg，重心的位置在 x_1，2 号球的重量也是 1kg，重心的位置在 x_2。当两个球用一根长杆连接时，重心的坐标可以表示如下：

$x_3=（x_1+x_2）/2$。

上面的等式显示的是 1 号球和 2 号球位置的中点。如果两个球位置为 3m 和 4m，那么 x_1=3m，x_2=4m，x_3=(3m+4m)/2=3.5m，x_3 是 3m 和 4m 的平均值（x_3=3.5m）。

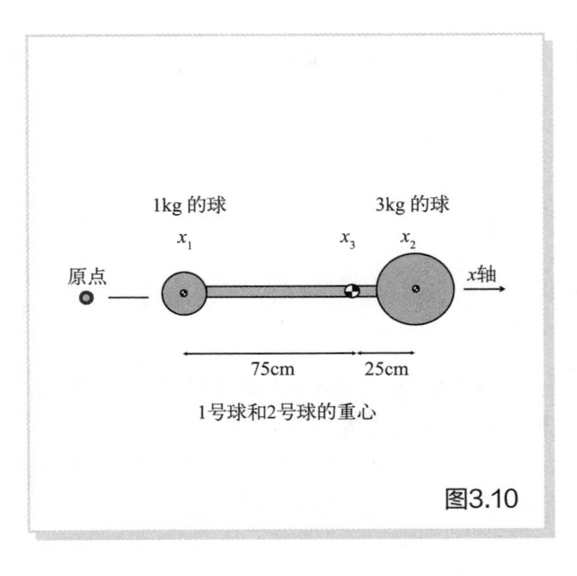

图3.10

如果两个球的重量不一样会怎样呢？假设 1 号球的重量是 1kg，2 号球的重量是 3kg。

思考一下连接这两个球的物体的重心。

假设 x_1 和 x_2 的距离是 1m，重心位于从 1 号球重心到 2 号球重心距离的 3/4 处，即重心位于距离 $x_1$75cm 处。现在，我们把这个物体看成是一个跷跷板。首先，假设这个物体的支撑点在重心的下方。重心在距离 2 号球 25cm 处，因此以这个点为支点，在这个位置上支撑物体，接下来的等式可以列为：支点右侧，3kg×25cm；支点左侧，1kg×75cm；左边 = 右边，等式保持平衡。接下来，假设物体的支撑点不在重心的下方，这种情况下等式不能保持平衡。当重心像这样被用作支点时，杠杆系统可以保持平衡。也就是说，能够保持质量平衡的位置可以被认为是重心。让我们考虑一下下面这个例子，也是用公式来表示。

我们假设 1 号球的重量是 1kg，位于 x_1 的位置上；另一个球重 3kg，位于 x_2 的位置上。当两个球相连时，重心的坐标可以表示如下：

$x_3=x_1+（x_2-x_1）×（3/4）$

因此，

$x_3=（1/4）x_1+（3/4）x_2$

1 号球和 2 号球的总重量为 4kg。因此，上述等式中系数的分母是 4。x_1 系数中分子的 1 与 1 号球的重量 1kg 有关。x_2 系数中分子的 3 与 2 号球的重量 3kg 有关。也就是说，重心可以被看作是一个重量的加权平均值，而加权值取决于组成重量的各部分物体的重量。

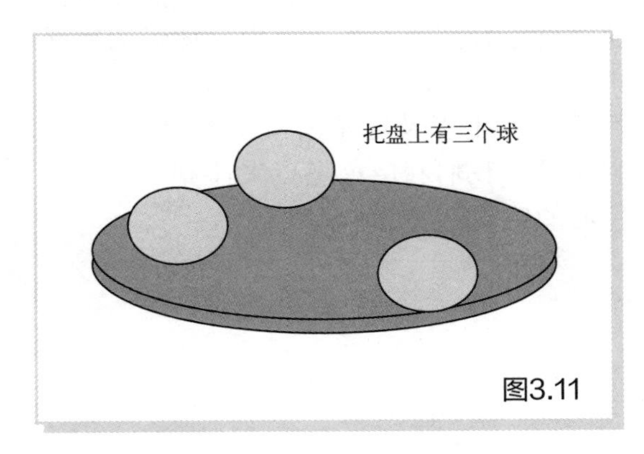

图3.11

观察上面的例子，球的位置在一条直线上（这是理所当然的，因为是两个球）。同样地，即使三个球不在一条直线上，也可以应用相似的等式。

例如，如图 3.11 所示，我们假设托盘上放了三个球，假设托盘没有重量。

可以理解为整个托盘重心位置的改变取决于球的摆放。

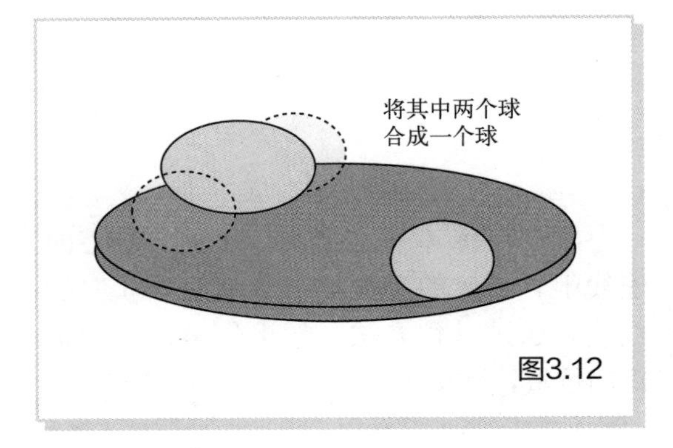

图3.12

这种情况下，首先需要确定两个球的重心。

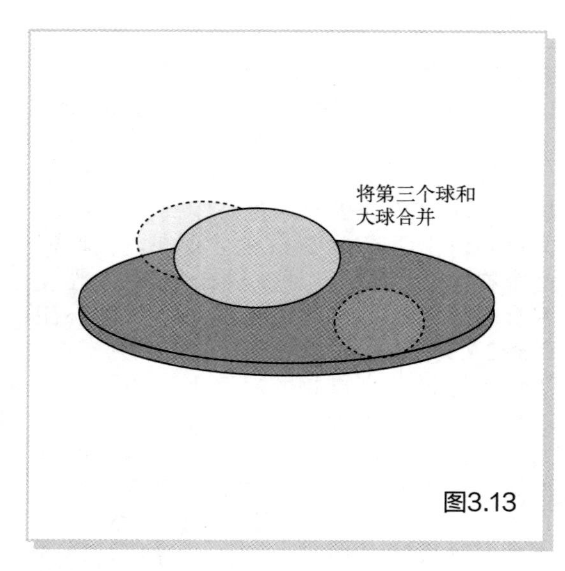

图3.13

整个托盘的重心可以通过将大球和剩下第三个球合成的方式找到。

在这种情况下，请注意需要将三个球的重量合在一起去求整体的重心。

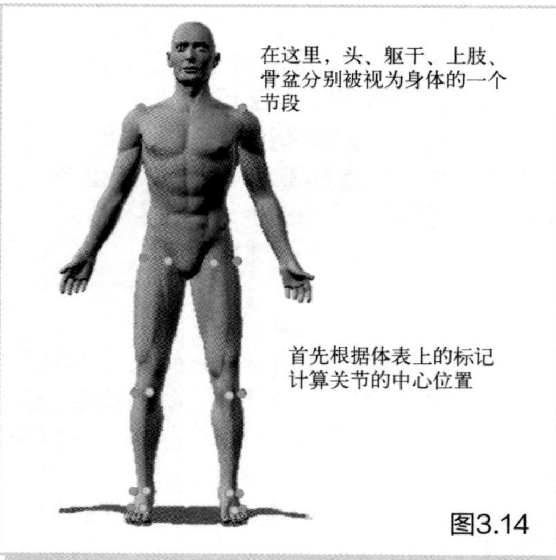

图3.14

人体的重心

现在，我们来确定一下身体的重心。为了简化，头、躯干、上肢以及骨盆都可以认为是身体的一个节段。在身体表面贴上反光标记点，我们可以利用运动捕捉摄像头来测量标记点的位置。运动捕捉摄像头是通过使用计算机来获取人体运动数据的设备。这个系统被用来生成计算机动画，用于制作电影及电子游戏中人物的动作。接下来，我们利用标记点来计算一下关节中心的位置。

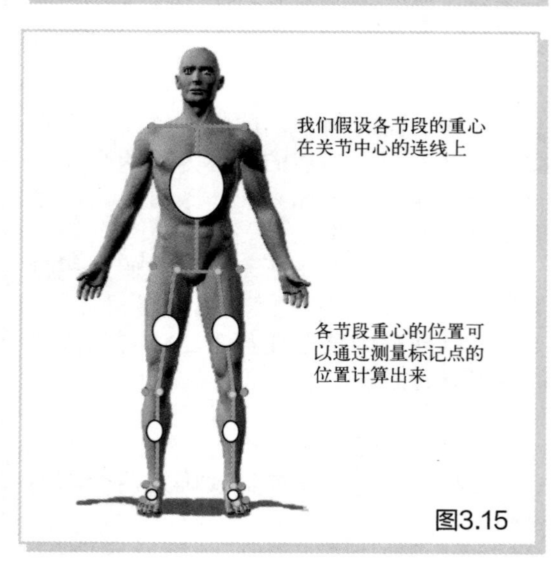

图3.15

假设身体各节段的重心在关节中心的连线上。具体的参数基于从解剖学获取的数值。通过这种方法，如果你确定了标记点的位置，你就可以计算各节段的重心。

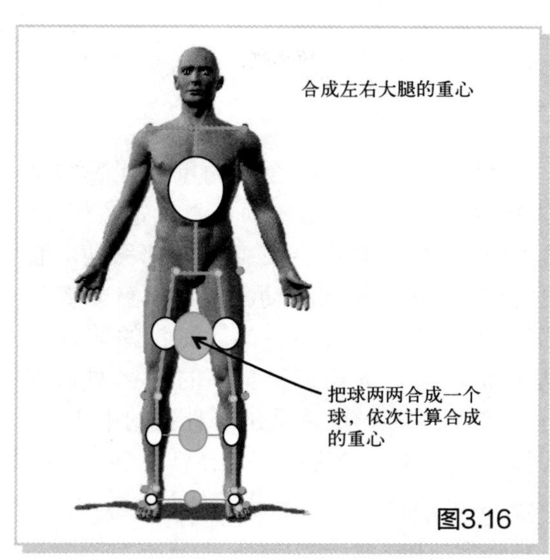

图3.16

考虑到这种方式，我们可以用七个球代替整个身体。也就是说，在身体每个节段的重心处存在与现有节段相同质量的球。接下来，依次合成每个球的重心。

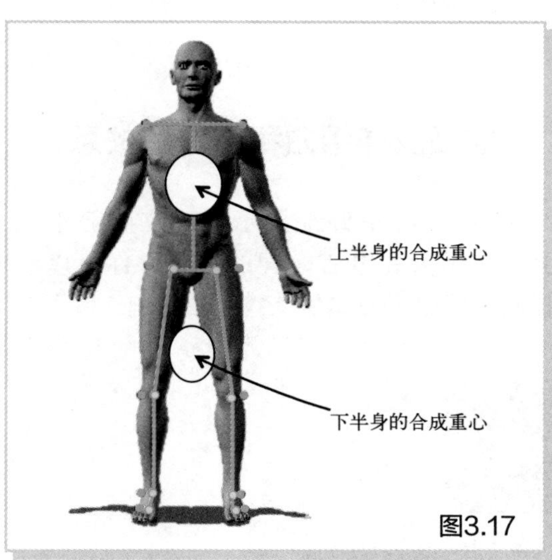

图3.17

现在，得到两个球，如图 3.17 所示，所谓的上半身的重心和下半身的重心。粗略估计，上半身和下半身的重量比约为 6∶4。

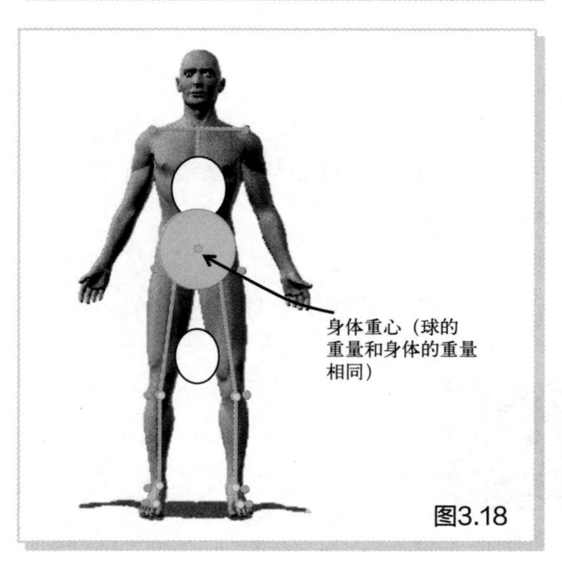

图3.18

最后，我们得到一个球。最终这个球的位置代表身体的重心。球的重量与整个身体的重量相同。

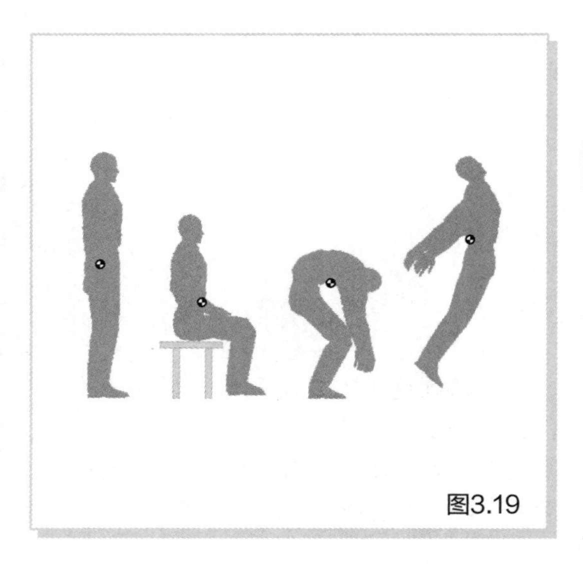

图3.19

像这样，七个球合成的重心代表整个身体的重心。如果节段的重心位置改变了，整个身体的重心也会在身体内部移动，有时也会在身体外部移动。例如，直立姿势下，重心位于骨盆中央部（骶骨的前方），从地面测量，大约位于身高的53%处。但是，重心并不一定总是位于骨盆的中央部。例如，坐位时，抱膝或者向后伸展姿势时，重心就不在骨盆的中央部。

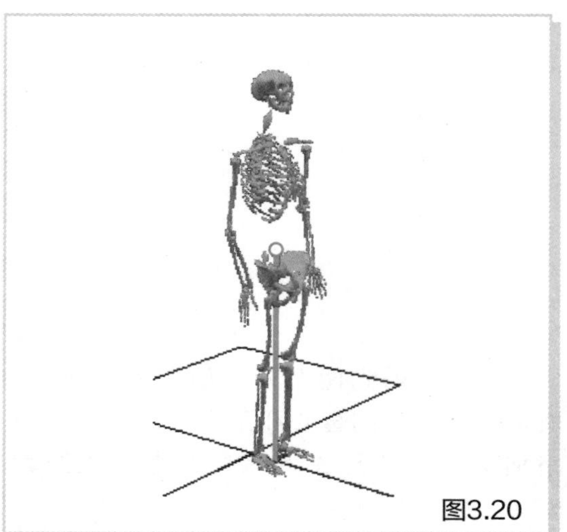

图3.20

地面反作用力和重心的关系

动画3-1很好地显示了站立姿势下地面反作用力和重心之间的关系。你可以看到地面反作用力如何支撑重心。

动画 3-1

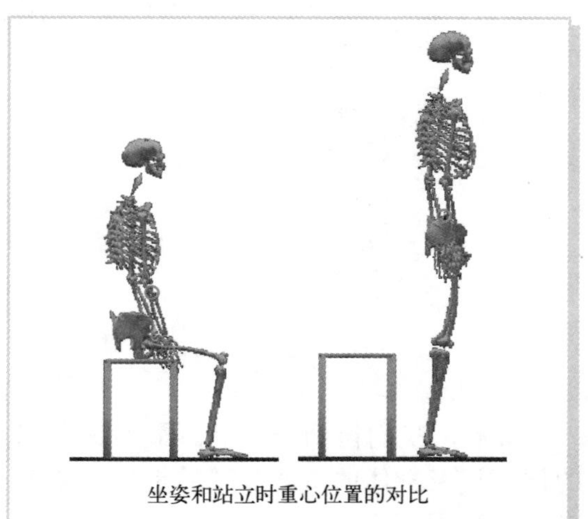

坐姿和站立时重心位置的对比

图3.21

在第二个例子中，通过观察动画3-2，可以发现坐姿的重心与站立姿势下的重心完全不同。

小结

重心的位置取决于身体的姿势。

动画 3-2

第4章

重心的速度和加速度

本章学习目标：

1. 说明重心的速度；
2. 说明重心的加速度；
3. 画出站起和坐下时重心速度的曲线；
4. 画出站起和坐下时重心加速度的曲线。

速度和加速度这两个词在日常生活中也经常被提及。但是，我们要知道，在生物力学中，速度和加速度是有其特别意义的专有名词。

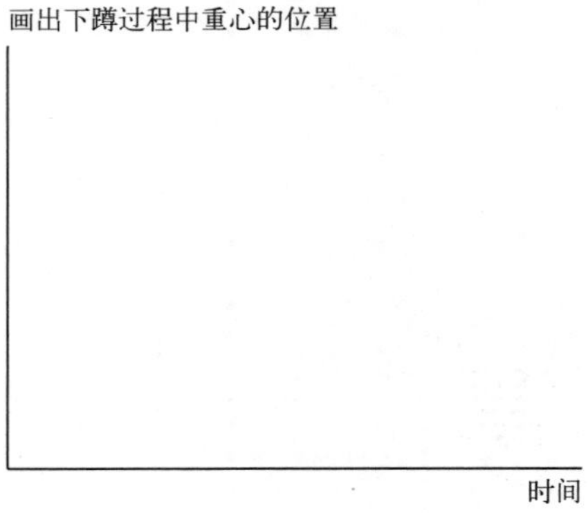

下蹲坐下动作中重心的移动

从直立姿势开始，思考一下保持上半身直立时进行屈膝下蹲的动作。此时，请画出重心在垂直方向上的位置曲线，即重心高度随时间的变化。

课堂教学

请按下列要求演示下蹲动作：从直立姿势，屈膝直到大约45°，保持这个姿势3s（不是坐在椅子上）。

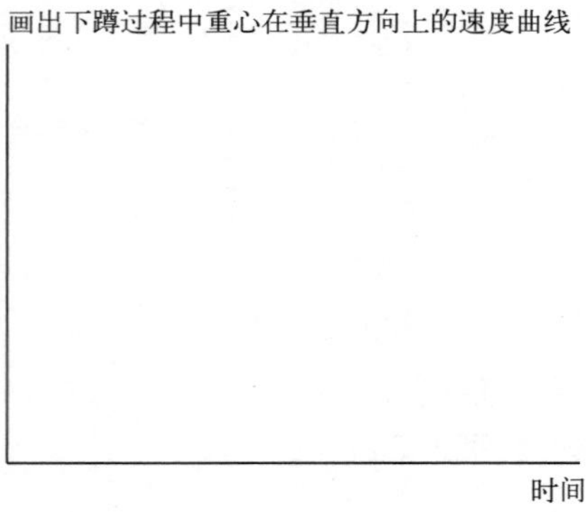

画出下蹲过程中重心的位置

时间

图4.1

接下来，画出重心在垂直方向上的速度曲线。

课堂教学

请演示与之前相同的下蹲动作。

画出下蹲过程中重心在垂直方向上的速度曲线

时间

图4.2

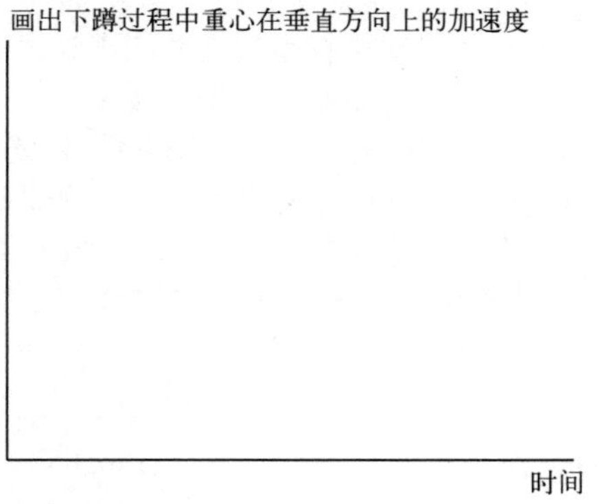

画出下蹲过程中重心在垂直方向上的加速度

时间

图4.3

接下来，画出重心在垂直方向上的加速度曲线，关注下蹲过程中重心在垂直方向上的运动。

课堂教学

请演示与之前相同的下蹲动作，大多数同学可能不能画出加速度的曲线图。

什么是加速度？（请问一下班上的同学）

加速度是1s内速度增加或减少的总量。通常情况下，在1s内，加速度不是一个恒定值。所以，很难计算出1s内速度增加或减少的总量。因此，在这种情况下，我们可以这样考虑加速度：比方说速度在0.1s内增加了5m/s，假设相同的加速度持续1s，速度将会变成50m/s。加速度是一个值，它显示了速度在1s内增加的量。每0.1s的增量乘以10就是加速度。当速度减慢时，用负号表示。想一想你发动汽车的情景。如果你踩油门，速度会增加。如果你逐渐加大油门，速度也会逐渐增加。当达到最大速度时，无论你怎么踩油门速度都不会再增加。也就是说，加速度为零。当以最大速度行驶时，没有加速度。如果你刹车，速度就会降下来。这时，加速度为负值。如果你继续踩刹车，车就会停下来。当车停下来，速度为零，加速度也为零。

请参考这个，画一下下蹲过程中重心在垂直方向上的加速度。

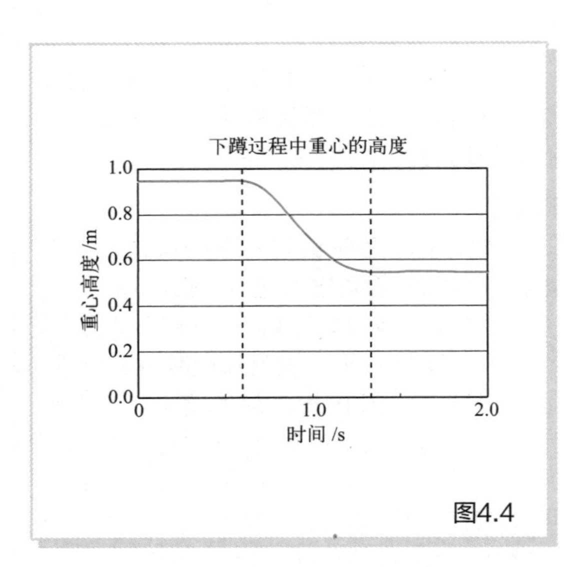

图4.4

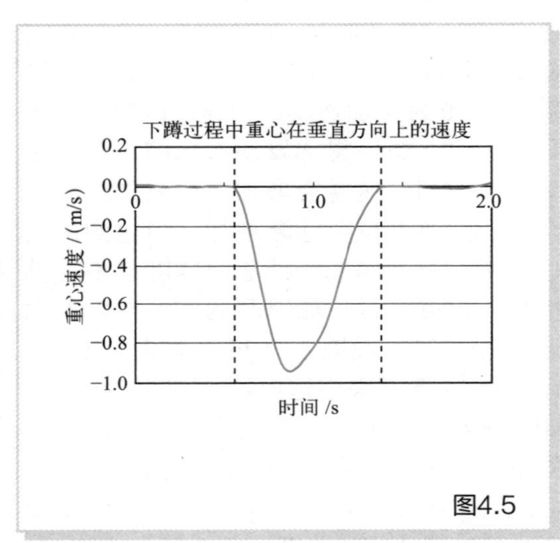

图4.5

课堂教学

让三个学生同时在黑板上画出曲线。

请在黑板上画出标准答案并纠正学生的答案。

- 在下蹲之前需要包含静态数据。
- 在下蹲动作完成后，需要包含静态数据。
- 静止和运动的连接部分用圆滑的曲线连接。
- 下蹲运动结束时，曲线也是圆滑的。
- 在下蹲运动的开始点和结束点插入两条竖线。

课堂教学

指定三个学生，让三人同时在黑板上画出重心的速度曲线。

在黑板上画出正确答案并纠正学生的答案。

- 时间轴需要和重心高度曲线的时间轴一致。
- 在下蹲动作的开始点和结束点插入两条竖线。
- 速度应该是负值（大部分同学会搞错）。
- 在静止和运动的连接部分用圆滑的曲线连接。
- 在下蹲动作结束时，曲线也是圆滑的。

在日常生活活动中，加速和减速也许都可以认为是正值。但是，在生物力学中，如果我们对加速和减速都使用正值，就会造成混淆，不能进行运动分析。因此，坐标轴被设为三个方向：前后、左右以及垂直方向。如果速度的方向与坐标轴的方向一致就被假设为正，相反就假设为负值。例如，如果以东京到大阪设为坐标轴的正方向，从东京到大阪的新干线（高速列车）的速度就是正值，反之，从大阪到东京的新干线的速度就为负值。

在下蹲坐下动作的例子中，如图 4.4 所示，重心的位置越高，值就越大。垂直轴向上为正方向。因此，向上的速度为正，向下的速度为负。所以，下蹲过程中重心在垂直方向上的速度如图 4.5 所示为负，这才是正确答案。顺便说一下，在生物力学中，如果不需要区分正负，只需要用较大的值表示“快”的时候，可以用“速度标量”表示每秒钟的距离而不需要考虑移动的方向。因此，速度标量总是正值。速度标量是新干线的测速表的刻度，测速表没有负值。“速度矢量”是每秒钟的距离但需要考虑移动的方向。矢量有明确的正负之分，而标量没有。在日常生活活动中我们通常使用“速度标量”，而不是“速度矢量”。你可以将速度矢量的绝对值想象为速度标量。速度的单位是 m/s（米每秒，每秒钟的移动距离）。

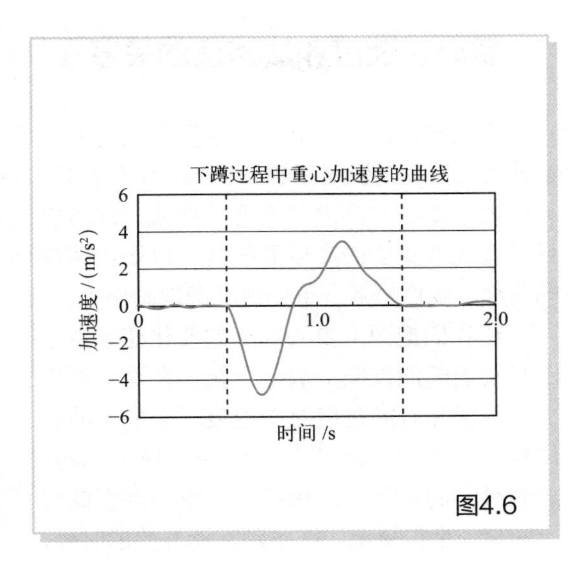

图4.6

课堂教学

指定三个学生同时在黑板上画出重心加速度的曲线。

请严格批改。

• 加速度曲线的时间轴应该和重心高度曲线的时间轴一致。

• 请在下蹲动作的开始和结束插入两条竖线。

• 前半程为负加速度，后半程为正加速度。

• 加速度为零的点和负速度达到最大峰值的点一致，在下蹲运动的中间。

• 从静止到运动开始之间的连接部分用圆滑曲线连接。

• 加速度曲线负值所涵盖的面积应该等于加速度曲线正值所涵盖的面积。

在下蹲运动的前半部分，速度为负值且不断增加，因此加速度为负值。在下蹲运动的后半部分，速度为负值并且不断减小，因此加速度为正值。在下蹲运动的中间时刻，因为此时负速度达到峰值，加速度为零。

像下蹲坐下这样从静止开始以静止结束的动作，加速度正值部分的面积一定等于加速度负值部分的面积。如果两者不相等，速度不可能回到零。加速度的单位为 m/s^2（米每二次方秒）。

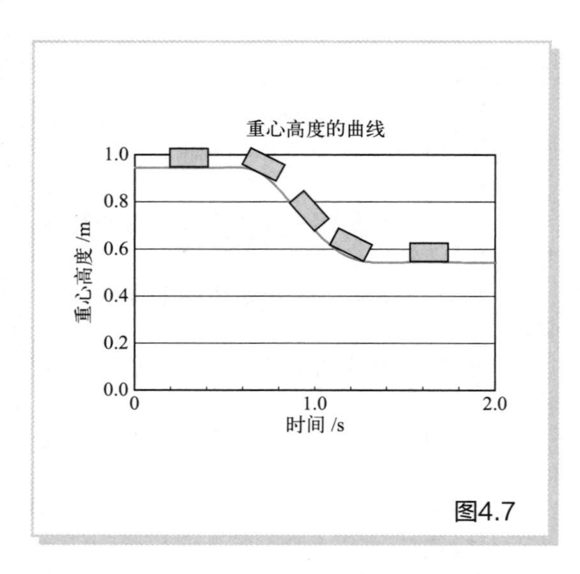

图4.7

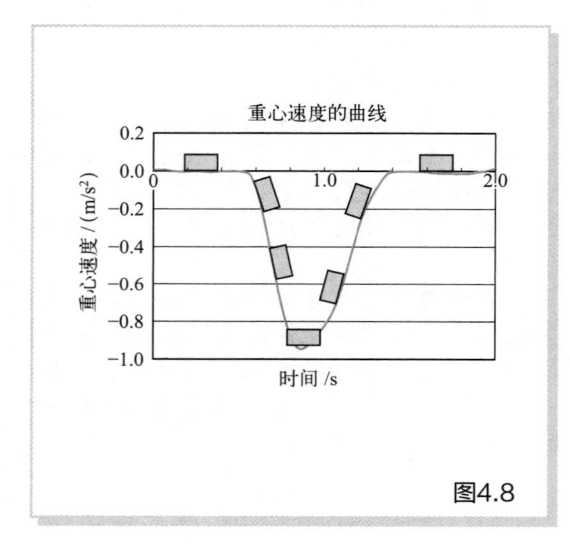

图4.8

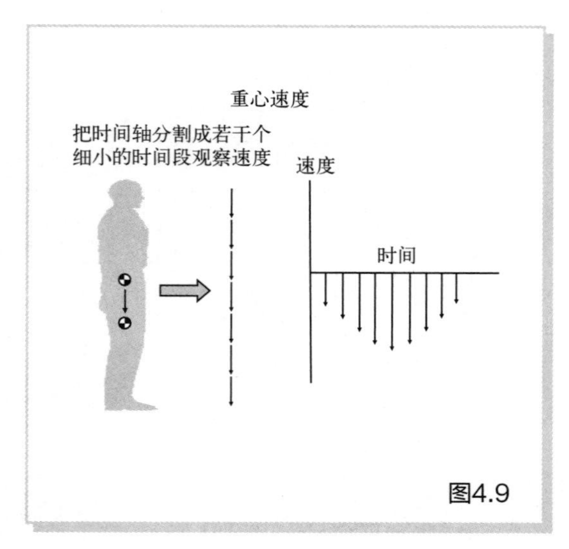

图4.9

重心、速度和加速度的关系

纵向排列：重心高度、速度和加速度三幅图表，可以发现这三幅图表关系十分密切。首先观察重心的高度和速度的曲线，你可以只通过观察重心的高度曲线就可以画出速度的曲线。我们思考一下如何准确地画出来。

让我们把图上重心高度的变化想象成过山车轨道的侧视图，放一个箱子在这个轨道上，箱子倾斜的角度对应速度。当处于静止位置时，箱子是水平的。这时，速度为零。随着时间的推移，试想箱子在重心高度曲线上的第二个位置上。在下蹲运动开始的时候，箱子向右下方倾斜。下坡对应着负速度，负速度增加。轨道的坡度在中点处达到最大，此时箱子也具有最大的向下的角度。第三个箱子拥有负的最大的速度。过了中点以后，坡度变为水平，速度接近零并最终变为零。这样，箱子倾斜的角度就与速度相对应。

同样地，如果将速度曲线假设成过山车的轨道，箱子的倾斜角度对应的就是加速度。在下蹲运动的前半程，坡度向右侧下降，因此加速度为负值。在中点，箱子一瞬间成为水平方向，这时加速度为零。在下蹲运动的后半程，坡度向右侧上升。这时，加速度为正值。逐渐地，坡度变为水平，加速度变为零。

课堂教学

当下蹲时重心向下移动时，学生可能会困惑为什么加速度是正值。在这种情况下，可以解释如下：让我们把时间轴分割成若干个细小的时间段来看看下蹲过程中重心的移动。开始时，重心缓慢移动，然后变快，再然后变慢。图上的箭头在水平时间轴上横向排列形成速度曲线。

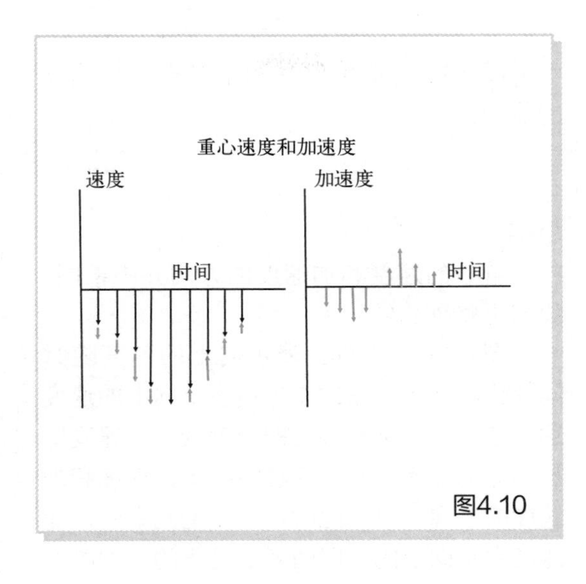

图4.10

起初，黑色向下的箭头线逐渐变长。在中点时，向下的黑色箭头线变为最长，然后减小，最终在动作结束时变成零。图中，相邻两个箭头线的差值，包括大小和方向，用红色箭头表示，也就是加速度。红色箭头在水平时间轴上横向排列形成加速度曲线。在动作的前半段，红色箭头向下，加速度为负。在动作的后半段，红色箭头变为向上方向，加速度为正。但是，图中的箭头解释仅仅是概念图，实际的速度和加速度是每秒钟的变化量，与图中的情况有很大不同。

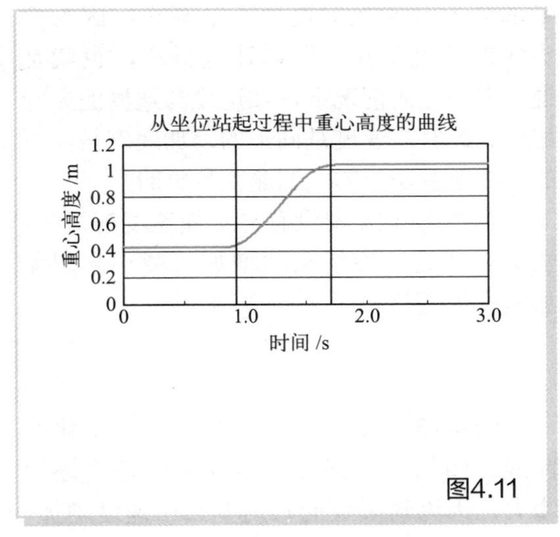

图4.11

从坐位站起时重心的曲线

作为练习，试着画一下当你从坐位站起来时重心高度、速度以及加速度的曲线。图 4.11 展示了从椅子上站起来时重心高度的曲线图。

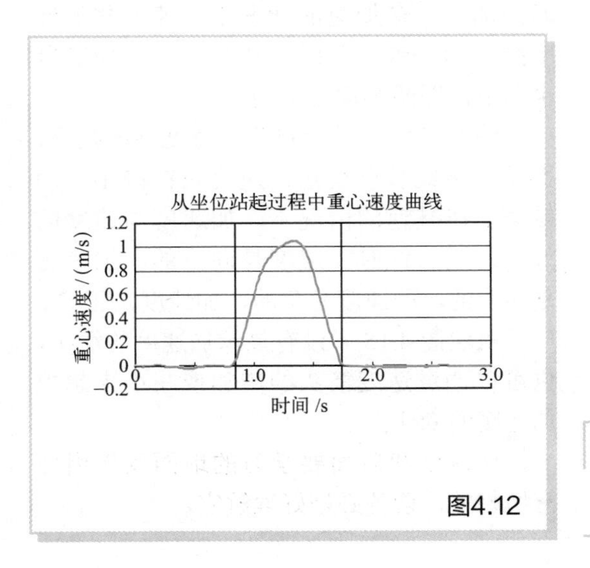

图4.12

图 4.12 是从坐位站起来时重心速度的曲线。

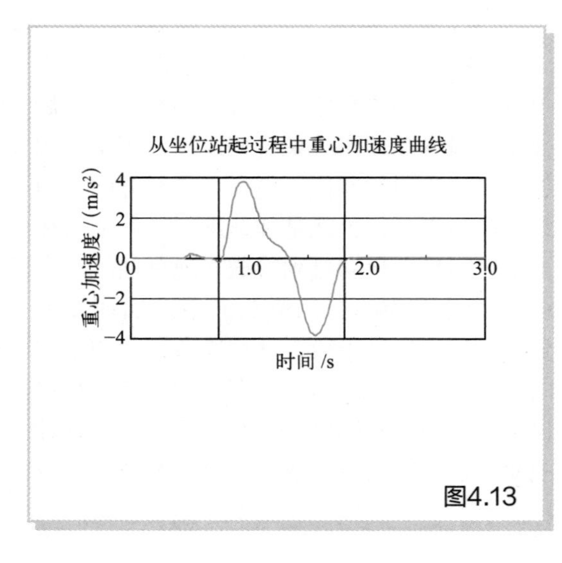

图4.13

图 4.13 是从坐位站起来时重心加速度的曲线。

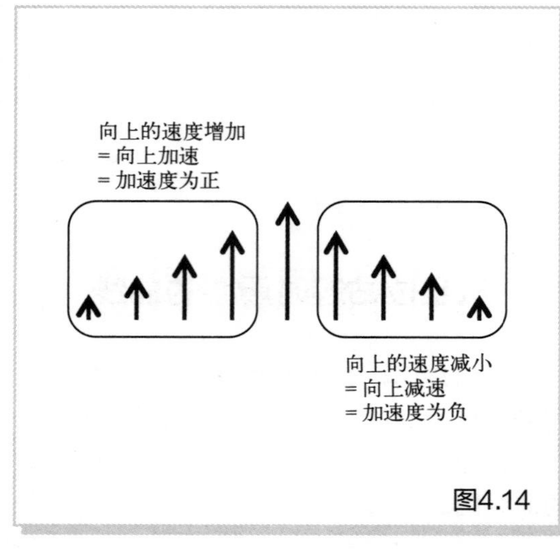

图4.14

小结

重心的速度和加速度的方向并不相同。我们再整理总结一下。

图 4.14 中的箭头表示向上的速度随时间变化的样子。图的左半边表示向上的速度逐渐增大。由于箭头线的长度变长，速度增加，即为加速。在加速的情况下，速度和加速度的方向一致。此时，速度是向上的，加速度也是向上的，即两者都是正的。图的右半部分表示向上的速度逐渐减小，因为箭头线的长度变短，所以速度减小，也就是说，在减速的情况下，加速度与速度的方向相反。此时，速度是向上的，加速度是向下的，即速度是正的，加速度是负的。

虽然图 4.14 中没有显示加速度的箭头，也可以通过速度箭头的增加或减小来想象加速度的变化。

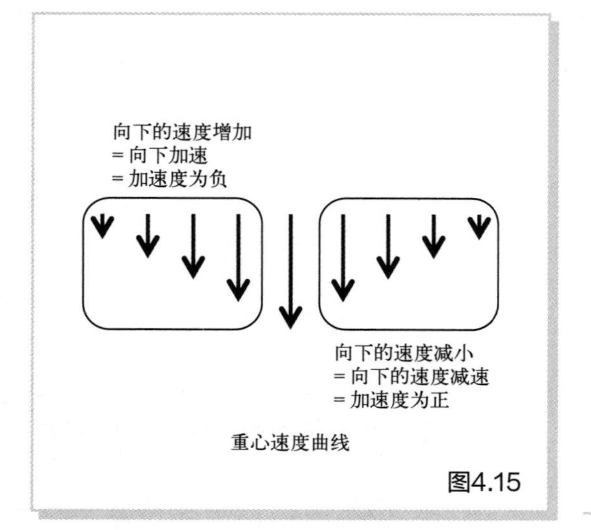

图4.15

图 4.15 表示向下的速度随时间变化的曲线。图的左半部分表示向下的速度逐渐增大，因为箭头线的长度变长，速度增加，即为加速。在加速的情况下，速度和加速度的方向一致。此时，速度向下，加速度也向下，即两个都是负的。

图右半部分表示向下的速度逐渐减小，由于箭头线长度变短，速度正在减小，即减速。在减速的情况下，加速度与速度的方向相反。此时，速度是向下的，加速度是向上的，即速度是负的，加速度是正的。

虽然图 4.15 中没有显示加速度的箭头，也可以通过速度箭头的增加或减小来想象加速度的变化。

加速度和后面要学习的地面反作用力密切相关，请务必好好理解它。

第 5 章

地面反作用力 重心加速度

本章学习目标：

1. 说明力和重心加速度之间的关系；

2. 说明作用在身体上的地面反作用力；

3. 说明下蹲时地面反作用力与重心移动之间的关系。

我们已经学习了力和重心加速度，接下来将要弄清楚力和重心加速度之间的关系。让我们先学习一下力和重心加速度关系的基本理论。

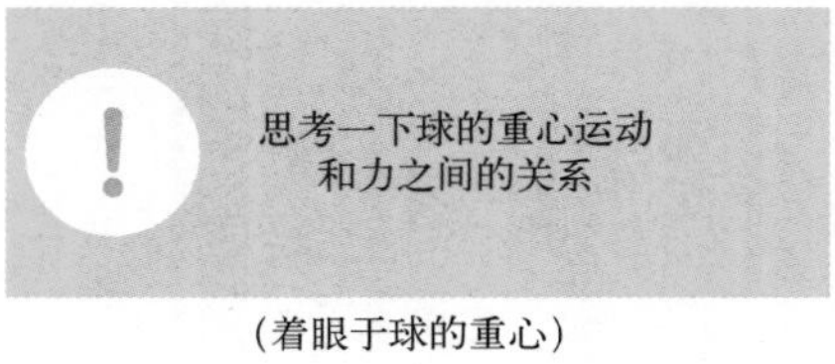

思考一下球的重心运动
和力之间的关系

（着眼于球的重心）

图5.1

课堂教学

在本章的第一部分，请不要让学生打开课本。请仅用幻灯片或动画等形式进行解释（直到图 5.9 相关内容结束）。

着眼于球的重心上，思考运动与力的关系。

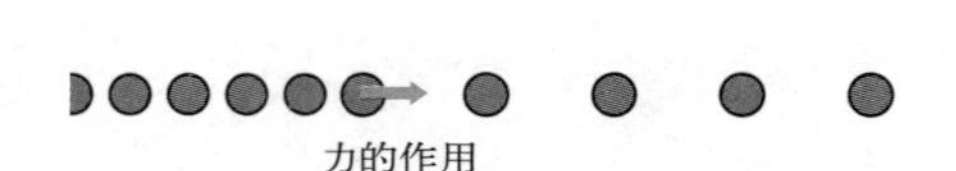

图5.2

力和重心加速度

假设球从左边飞过来，不考虑重力作用。

假设在球飞行的过程中，有一个力作用在球上一小段时间。红色箭头代表力。力只作用了很短的时间，很快就消失了。当它消失时，箭头也消失了。球的状态将会如何变化？

课堂教学

请指定一名学生来回答。

标准答案：

球的速度增加了。而且，速度的增加只发生在力作用的期间。当力的作用结束时，速度的增加也结束了。但是，增加的速度将继续保持下去。

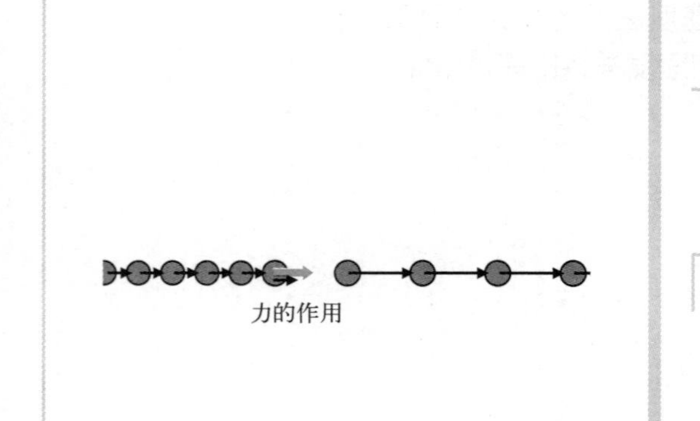

图5.3

让我们再播放一次，这次，试着显示速度。黑色的箭头代表速度。当力没有作用时，黑色箭头的长度是不变的。红色箭头表示力。因为力的作用，速度增加了。即使力的作用结束了，增加的速度也一直保持下去。

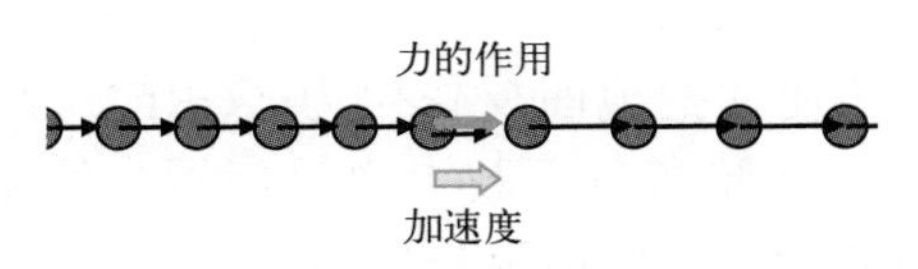

当力作用时，产生加速度

图5.4

让我们再播放一次幻灯片。这一次，多显示了加速度。黑色箭头表示速度。力（红色箭头）是在运动过程中施加的，同时产生了加速度（橙色箭头）。你可以注意到速度增加了。当不再施加力时，加速度也就消失了。

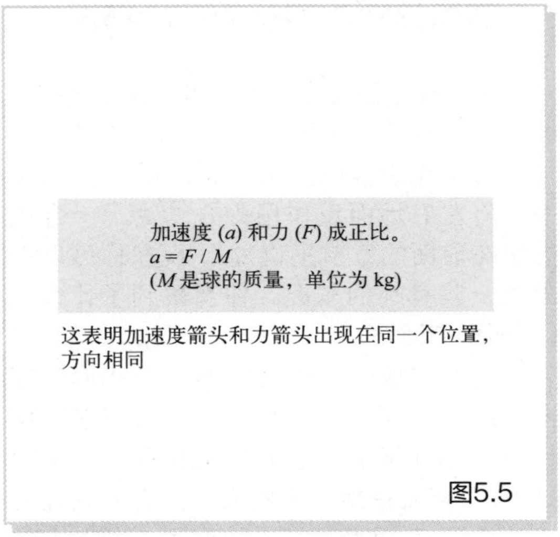

力产生加速度

加速度 (a) 和力 (F) 成正比。
$a = F / M$
(M 是球的质量，单位为 kg)

这表明加速度箭头和力箭头出现在同一个位置，方向相同

图5.5

当力作用于物体时，物体会产生加速度。加速度与力成正比。

另外，如果球的质量比较大，产生的加速度就会比较小。加速度与物体的质量成反比。

用等式表示是 $a=F/M$

如果这个等式用图形表示的话，如图5.4所示，我们可以观察到加速度的箭头和力的箭头在相同的地方出现并指向相同的方向。

当人直立在地面时，有哪些力作用于人体？

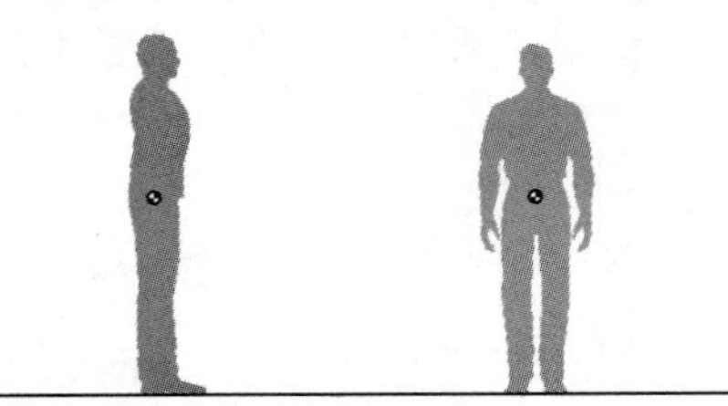

图5.6

当力作用于物体时，物体会产生加速度。 这是关于力和加速度之间关系的基本理论。 这个理论也适用于人体。 首先，让我们考虑一下施加在人体上的力。

当这个人直立在地面上时，有哪些力作用在这个人身上？

请在图中画出作用在人身上的力。

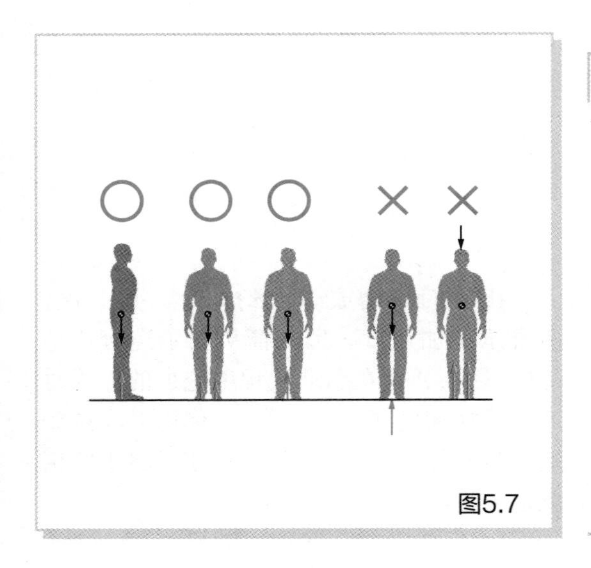

图5.7

课堂教学

请指定3名学生在黑板上画出作用在人体上的力。

即使你把地面反作用力（GRF）分别画在左下肢和右下肢上也没问题。然而，左右侧下肢上地面反作用力的大小之和应该等于重力的大小。

• 请画出地面反作用力的箭头，使其从地面向上伸出。

• 在地面下画出地面反作用力的箭头是错误的。

地面反作用力与重心加速度

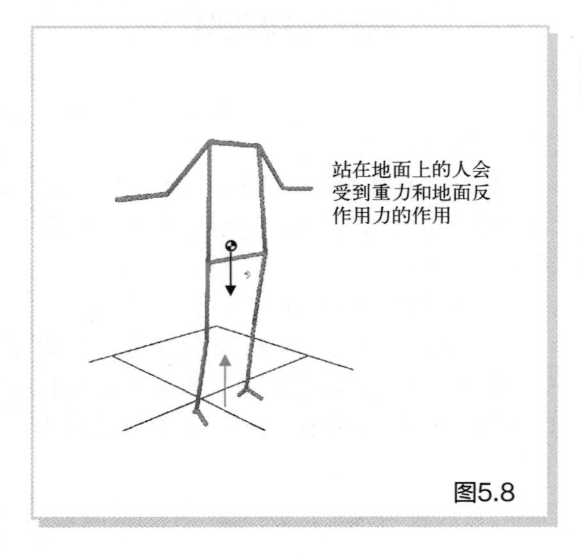

图5.8

重力和地面反作用力作用于站在地面上的人。地面反作用力作用于左右侧下肢上。

为了便于理解力与人体运动之间的关系，将左右地面反作用力合二为一，合成方法在前面的章节里讲过。现在你可以观察到一些有趣的东西。你观察到了什么？（请同学们回答。）

重力和地面反作用力的大小相同，方向相反，在同一条直线上。重力和地面反作用力相互抵消，它们的总和为零。也就是说，“直立在地面上的人，没有受到任何力的作用。”因为没有力的作用，所以人是静止不动的。在日常生活活动中，我们总能感受到来自地面的反作用力。然而，从生物力学的角度来看，地面反作用力被重力抵消了。重力从我们出生起就一直以同样的方式作用，所以通常我们感觉不到它。

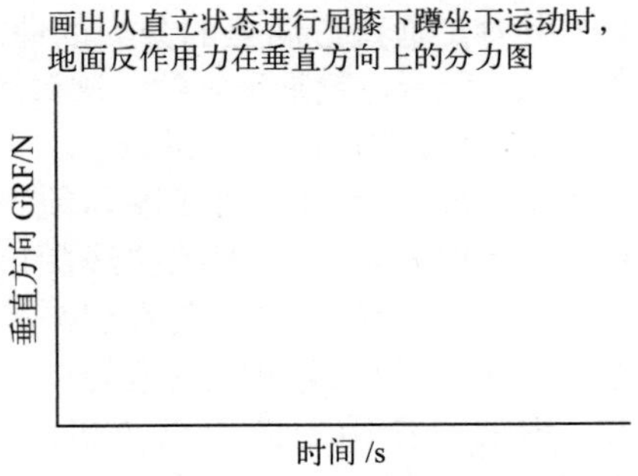

画出从直立状态进行屈膝下蹲坐下运动时，地面反作用力在垂直方向上的分力图

垂直方向 GRF/N

时间 /s

图5.9

思考从直立状态下蹲坐下的情况。

课堂教学

演示从直立状态屈膝下蹲坐下的动作。

任务：画出从直立位置屈膝下蹲坐下时，地面反作用力在垂直方向上的分力图。横轴是时间，体重为70kg。纵轴的单位是N（牛顿）。

课堂教学

情况允许的话，教师可以将体重秤带到教室来使用。

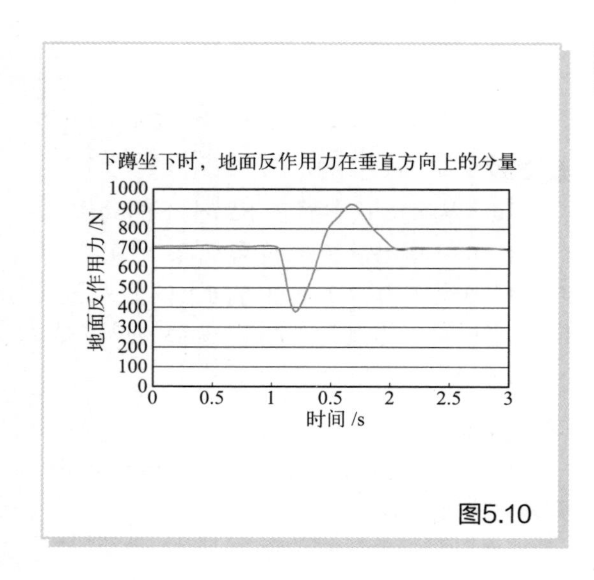

图5.10

课堂教学

请指定三个学生在黑板上画出下蹲坐下时地面反作用力在垂直方向上的分力的曲线图。如果如图 5.10 所示，就是正确的。这可能不容易画，请给学生留出时间进行讨论。

请将地面反作用力的曲线图与前一章所画的下蹲坐下时重心加速度的曲线图进行比较。可以看出到这两张曲线图看起来是一样的。之前的加速度曲线图以零值为中心减小和增大。地面反作用力的值以 700N 为中心减小和增大，虽然数值本身不同，但减小、增大和恢复到初始值的趋势是一样的。这是有充分理由的。

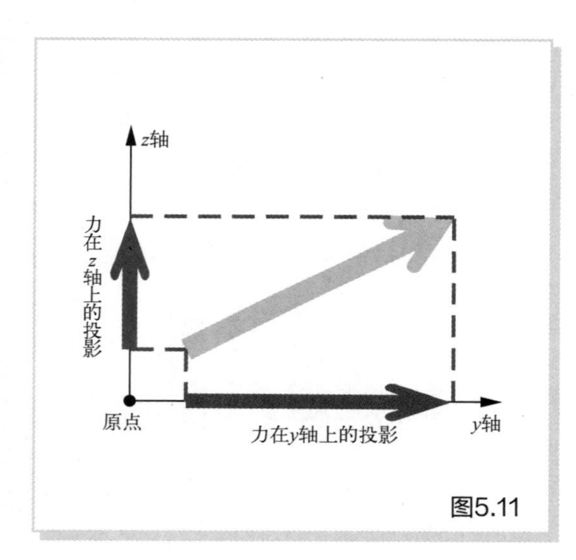

图5.11

为了更好地说明这一点，请看以下内容：

当考虑一个物体的力和运动时，基本上是将力分为内外、前后以及垂直方向的分量来考虑。如图 5.11 所示，将对角线作用的力分别显示为前后方向以及垂直方向作用的力，也就是力分别投影在 y 轴和 z 轴上。虽然图上没有标记，但内外侧方向（x 轴）上的力也可以用同样的方法显示。当以这种方式投影时，投影出来的三个阴影称为“原始矢量的分力”。具体来说，称为内外方向分力、前后方向分力和垂直方向分力。

这些分力对应于内外侧、前后和垂直方向。每个方向的分力都可以用一个数值来表示。比如前后方向分力可以表示为 200N。此时对数字符号进行特殊处理。如果分力的方向与坐标轴方向相同，则分力的数值表示为正值，如果与坐标轴方向相反，则表示为负值。

比如垂直方向上，向上的坐标轴为正，则向上的分量表示为 +300N 等。一个重量为 1kg 的物体所受的重力约为 10N，但由于重力的方向向下，与 z 轴相反，重力的垂直分量表示为 −10N。您可能会问：“负的力是什么？”矢量力本身不是负的，只是分力的值可以用负值表示。如果将坐标轴在垂直方向上取向下为正方向，重力的分量将是 +10N，而不是 −10N。这只是一个如何定义的问题。

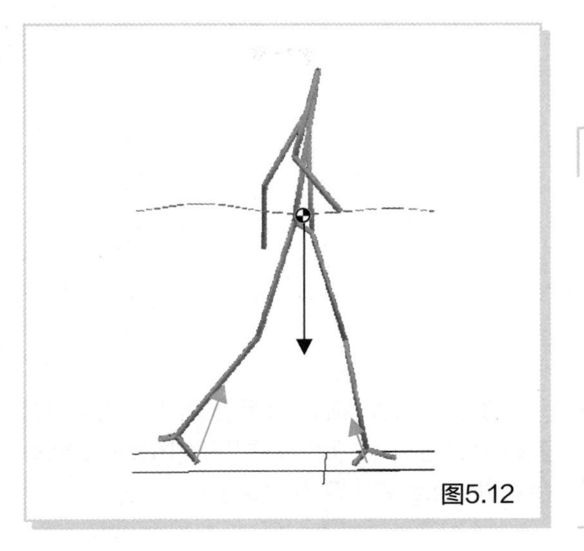

图5.12

作用在重心上的重力始终指向下方。假设体重为70kg，重力的垂直分力为−700N。前后和内外方向的分力为零。至于地面反作用力，垂直方向的分力总是向上的，所以它是一个正值，并且在运动过程中，值会时刻变化。前后和内外方向的分力随时间变为正或负。由于直立下蹲坐下运动主要是上下运动，我们将考虑重力和地面反作用力的垂直分力。

站在地面上的人所受到的垂直方向上的力

W_z−700N

W_z：地面反作用力在垂直方向上的分力

图5.13

如果地面反作用力垂直方向的分力表示为 W_z，地面反作用力总是向上的，所以 W_z 为正。另一方面，由于重力是向下的，所以表示为−700N，两者相加就是 W_z−700N（请把N读作牛顿）。这个力施加在站在地面上的人身上。

站立在地面上的人，作用在其身上的垂直方向的加速度

$a_z=F_z / m$
$=(W_z-700\text{N}) / 70\text{kg}$

a_z: 重心加速度在垂直方向上的分量
F_z: 作用在人体上的垂直方向的分力
W_z: 地面反作用力在垂直方向的分力
m: 体重

图5.14

这个人的体重是70kg，所以力除以质量就得到加速度。设 a_z 为重心的加速度：

$a_z=F_z/m=(W_z-700\text{N}) / 70\text{kg}$

这是牛顿运动定律。因为 W_z 是地面反作用力，所以这个等式显示了地面反作用力和重心加速度之间的关系。也就是用地面反作用力减去700N，再除以70kg，就可以算出加速度。如果像这样做减法，再做除法，结果本身会改变，但图形的形状不会改变。因此，加速度的图形和地面反作用力的图形是一模一样的。

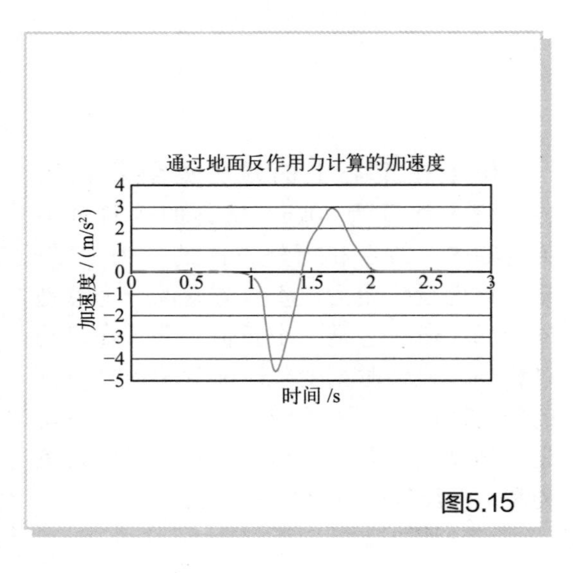

图5.15

图 5.15 是根据地面反作用力计算出的重心加速度。从地面反作用力中减去 700N 并除以 70kg 来计算出加速度。

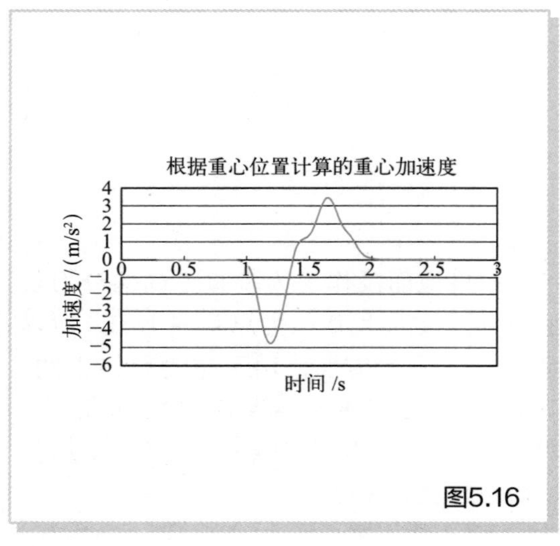

图5.16

图 5.16 是先根据运动捕捉相机测量的身体位置求出重心位置，然后再计算出来的加速度。

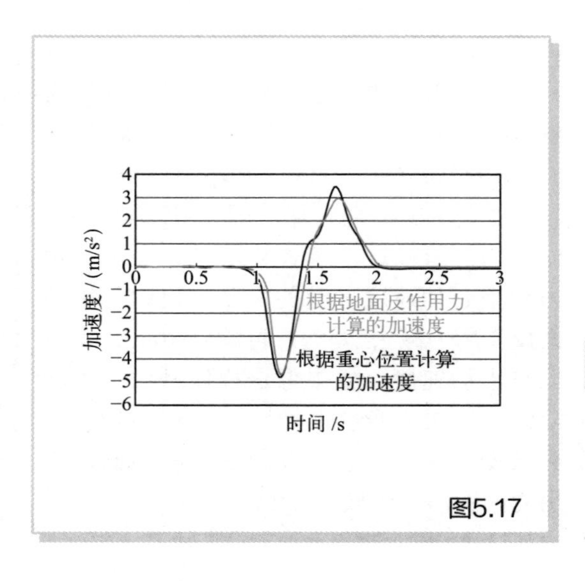

图5.17

让我们将两个图重叠在一起进行显示。虽然细节上有一些不同，但可以看出它们几乎是重叠的。因此，我们可以看到，地面反作用力与重心加速度相对应。

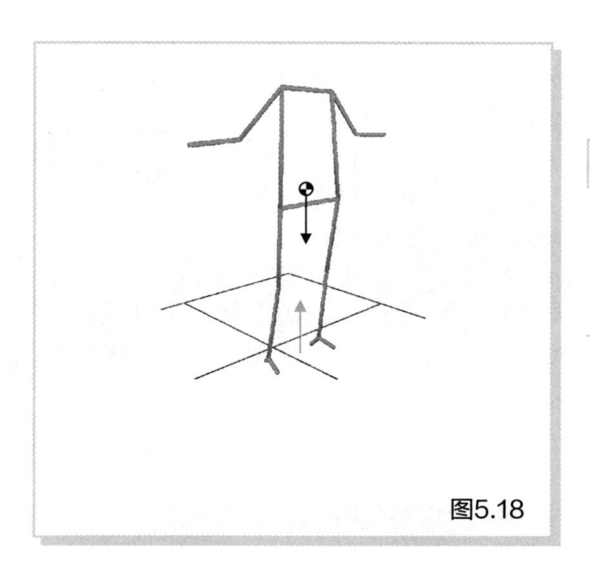
图5.18

让我们再用图来说明一下。

当人体直立时，重力和地面反作用力相互抵消，施加在身体上的合力为零。因此，重心没有加速度，人体保持静止。

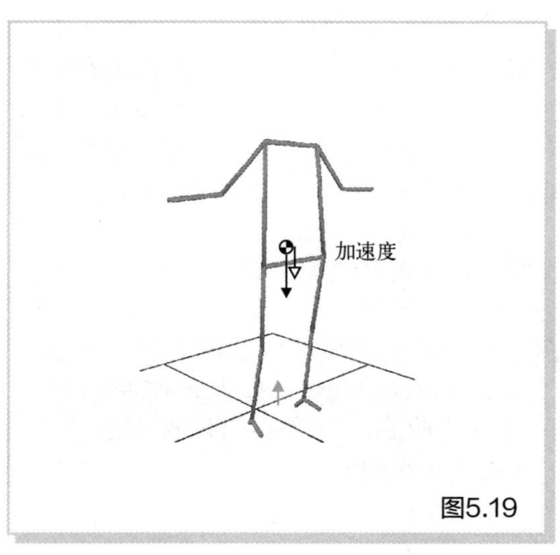

图5.19

当地面反作用力小于重力时，会产生向下的力，是由重力减去地面反作用力得到。因此，根据这一点，在重心处产生向下的加速度。

注：图中加速度的箭头偏离重心，是由于印刷的原因。请注意箭头是从重心出来的。

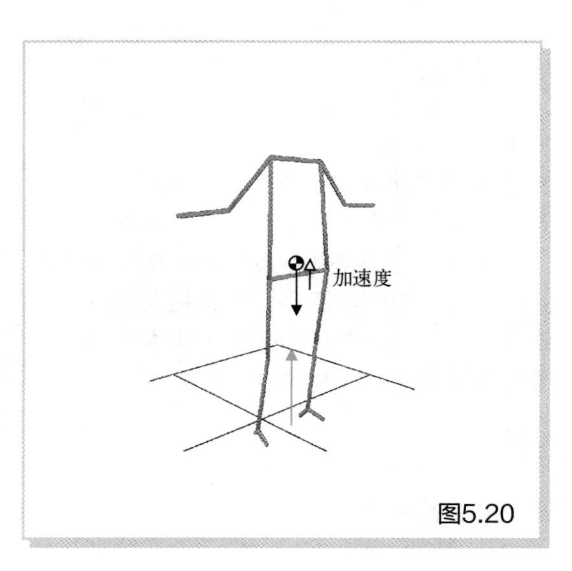

图5.20

如果地面反作用力大于重力，就会产生一个向上的力，大小与重力和地面反作用力的差相等。所以在重心处会因为这个力而产生一个向上的加速度。

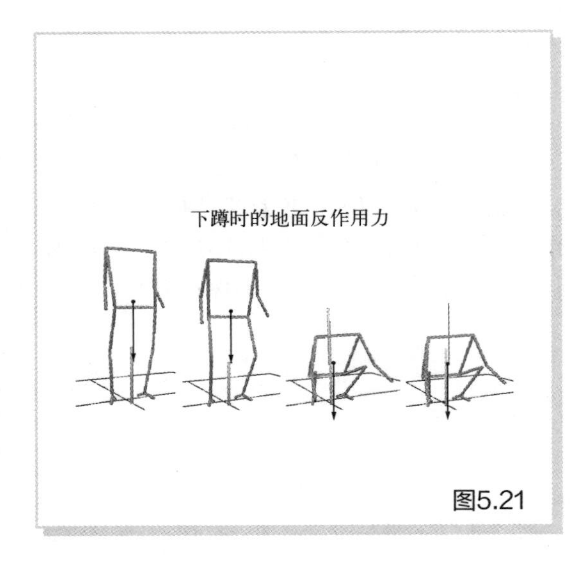

图5.21

最后，让我们观察从站立姿势进行下蹲动作时的地面反作用力（动画 5-1）。可以观察到地面反作用力先减小后增大，最后恢复到原来的值。

动画 5-1

接下来，让我们观察当我们从坐姿站起来时地面反作用力的变化。可以观察到地面反作用力先增大后减小，最后恢复到原来的值。

肌力和地面反作用力

您已经了解到地面反作用力和重心加速度是相互对应的。乍一看，是因为有了地面反作用力，重心才会移动，但事实并非如此，移动身体的动力是肌肉力量。思考一下肌肉力量和地面反作用力之间的关系。

如图 5.22 中左图所示，如果通过激活伸膝肌，从蹲在地面上到站起来的过程中，会发生什么？膝关节伸展，重心向上上升。图 5.22 中右侧的图显示了在太空中的宇宙飞船上做相同的动作，如果你激活伸膝肌，膝关节会伸展，但重心的位置不会改变。两者有什么区别？

图5.22

图 5.23 的左图中，伸膝肌的活动使双足压向地面，产生了地面反作用力，作用于人体上。地面反作用力使重心上移。在宇宙飞船中（右图），因为足不接触地面，所以就算膝关节伸展也不会产生地面反作用力。因此，即使膝关节伸展，重心也不会改变。

所以，运动的驱动力是肌肉的收缩，但在宇宙飞船中，肌肉力量仅用于移动“身体节段”。为了移动重心以及身体节段，地面反作用力是必不可少的。

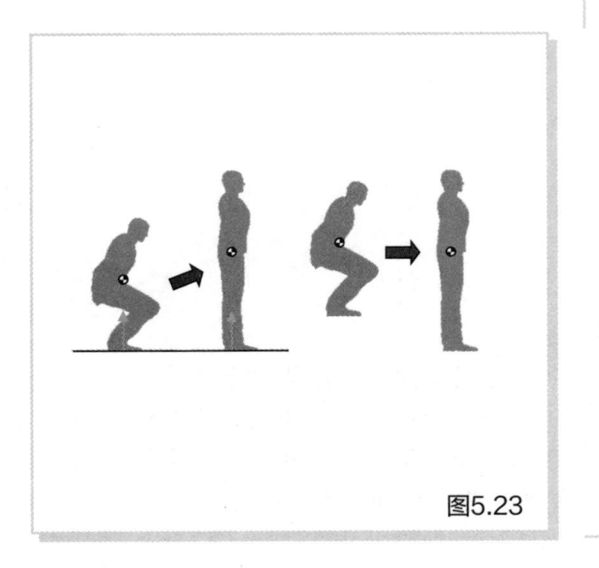
图5.23

总结：

因为有地面反作用力的作用，重心加速度才会发生变化

第6章 地面反作用力的作用点（COP）

本章学习目标：

1. 说明地面反作用力作用点的含义；
2. 说明地面反作用力作用点与支撑面的关系；
3. 说明地面反作用力作用点与重心位置之间的关系；
4. 说明重心、地面反作用力和地面反作用力作用点在立位、坐位及够取动作时的特征。

COP是center of pressure首字母的缩写，称为地面反作用力的作用点，或压力中心，或作用力中心。COP究竟是什么意思呢？在生物力学中，COP是非常重要的名词，请好好理解。

地面反作用力作用点的定义

图6.1

（森田千晶画.漫画生物力学1.，日本假肢矫形器学会编写，江原义弘主编. 南江堂，东京，1994.P25获得允许进行转载）

如图 6.1 所示，当足与地面接触时，在接触区域必定产生地面反作用力。每个部位的地面反作用力大小不同，方向也不一样。

图6.2

每个部位的地面反作用力可以彼此平行，也可以是不同的方向。无论哪种情况，地面反作用力肯定是向上的。地面反作用力不会指向下方。

我们已经学习了多个力的合成，如图 6.2 所示，分布在足底的反作用力可以合成一个力。图中只显示了左足的作用力，右足的作用力也可以同样显示。此时用红色线画出的力被称为地面反作用力（GRF）。在这个例子中，地面反作用力应该显示在哪里取决于地面反作用力的分布。因为地面反作用力是合成的，合成力的位置是固定的。正如我们在力的合成中学到的，这种情况下的“位置”就是“作用线的位置”。虽然合力的作用线的位置是已知的，但力显示在这条作用线上的什么位置并不重要。它可以显示在作用线上的任何地方。为方便起见，地面反作用力一般显示在作用线与地面交叉的那个点上。此时，地面上的点称为地面反作用力的作用点，或压力中心（COP）。

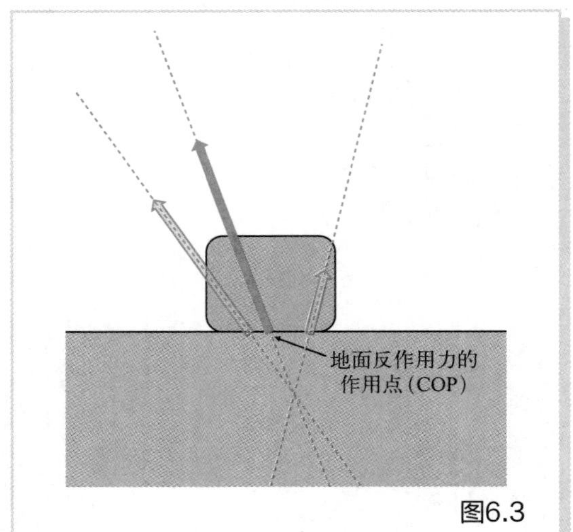

图6.3

我们来复习一下力的合成。依据图 6.3 所示，我们来合成一下两个粉色的力。如果把粉红色的力沿着它们各自的作用线移动到交点，做一个平行四边形，对角线上红色的力就是两个粉色力的合力。合力沿着对角线移动，如图 6.3 所示，从物体接触地面的地方画出来。在本例中，红色箭头底部的位置是地面反作用力作用点（COP）。这样想的话，原来的粉色力没有作用在地面反作用力作用点（COP）上。地面反作用力作用点（COP）可能会与力的作用点不同，地面反作用力作用点（COP）是假想的合成力作用的地方。

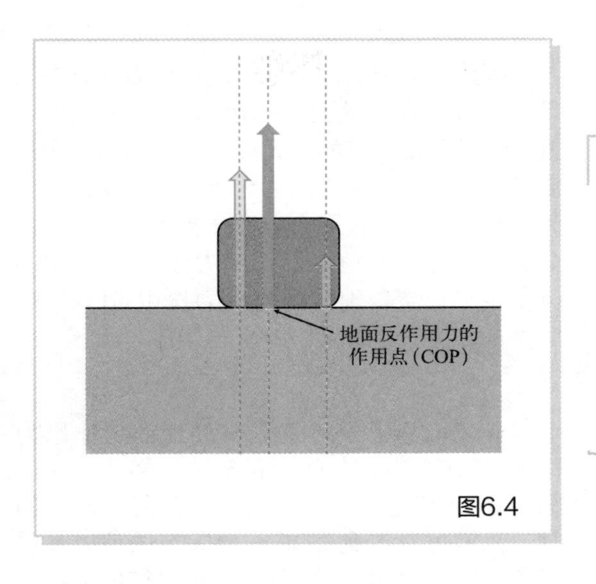

图6.4

让我们复习一下如果前述的力相互平行的情况。

合力的大小是两个力的总和。合力的作用线由原始力的大小决定。合力位置更靠近较大的力。即使在这种情况下，地面反作用力作用点（COP）的位置也不在原来粉红色力的作用点上。

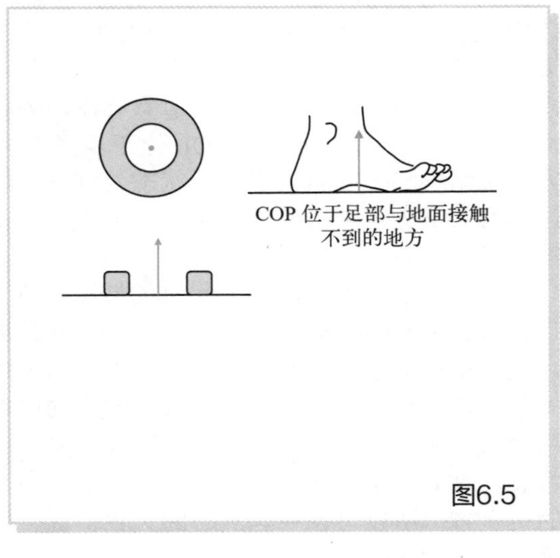

图6.5

如图 6.5 左，把一个甜甜圈放在盘子上时，盘子的反作用力的作用点就在没有甜甜圈的地方。想象一下，一个人站在地面上，地面反作用力作用点（COP）可能处在一个足不接触地面的地方。如图 6.5 右，地面反作用力作用点（COP）可能处在足弓的位置。

图6.6

如前所述，地面反作用力是分布在足部的所有反作用力的合力。反作用力在垂直方向上的分力之和就是地面反作用力的垂直分力。反作用力在内外方向和前后方向上的分力之和分别为地面反作用力的内外方向分力和前后方向分力。地面反作用力作用点（COP）是反作用力作用点分布的平均位置。直觉上，地面反作用力作用点（COP）可能在最大反作用力的附近，但情况并非总是如此，因为地面反作用力作用点（COP）由整个足底上的反作用力的分布来决定。

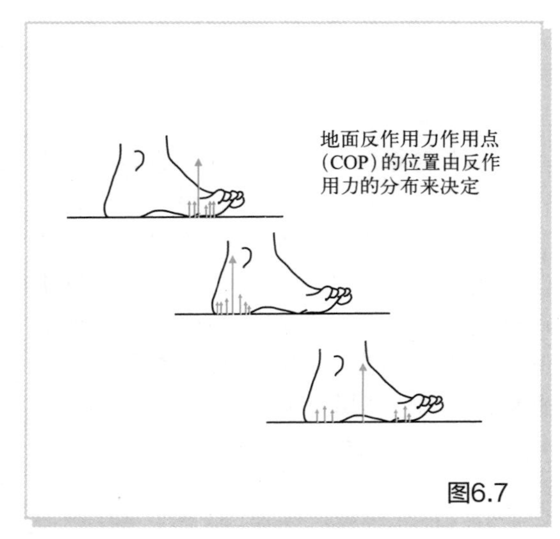

图6.7

因此，如果大部分地面反作用力都分布到足趾部位，那么地面反作用力作用点（COP）就会位于足趾部。如果大部分反作用力分布在后足，那么地面反作用力作用点（COP）就位于后足。如果反作用力一半分布在前足，一半分布在后足，则地面反作用力作用点（COP）位于足弓位置。地面反作用力作用点（COP）的位置取决于地面反作用力的分布。

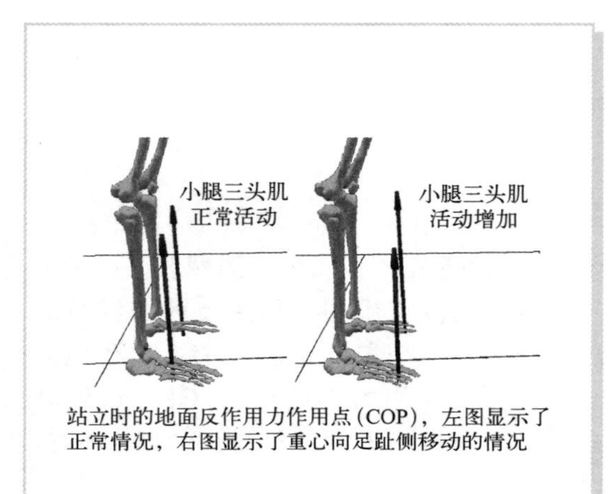

站立时的地面反作用力作用点（COP），左图显示了正常情况，右图显示了重心向足趾侧移动的情况

图6.8

让我们思考一下直立时的地面反作用力作用点（COP）。左图为正常站立姿势，左右脚的 COP 都在足跟和足趾之间的足中部。同时，我们可以看到 COP 在踝关节的前方。虽然图中没有显示，但合成 COP 大致位于左右 COP 的正中间，而重心位于合成 COP 的正上方。因此，如果知道静止时地面反作用力作用点（COP）的位置，就可以知道重心在内外和前后方向的位置。另外，COP 位于踝关节前方，说明小腿三头肌处于活跃状态。这可以通过学习关节力矩来更好地理解。关节力矩将在第 7 章中学习。

右图显示了重心转移到足趾的情况。COP 也会随着重心的移动而移动到足趾。COP 靠近足趾，事实上也意味着地面反作用力远离了踝关节。在这种情况下，小腿三头肌的活动比之前增大。通过观察 COP，可以推测肌肉活动状态。在运动缓慢的情况下，重心就在 COP 的正上方，所以可以找到重心的大致位置。但是，由于 COP 是地面上的点，无法通过该方法获知重心的高度。COP 是进行运动分析不可或缺的重要数据。

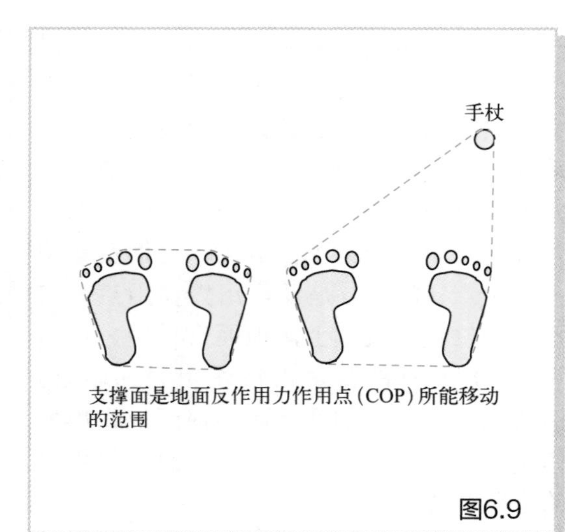

支撑面是地面反作用力作用点（COP）所能移动的范围

图6.9

地面反作用力作用点（COP）和支撑面

人体静止时，重心位于支撑面之上。让我们一起思考一下 重心（COG）和地面反作用力作用点（COP）。支撑面可以被认为是 COP 可以移动的范围。直立时，COP 是左右足地面反作用力合力的作用点。当您使用拐杖时，COP 是左右足与拐杖地面反作用力合力的作用点。

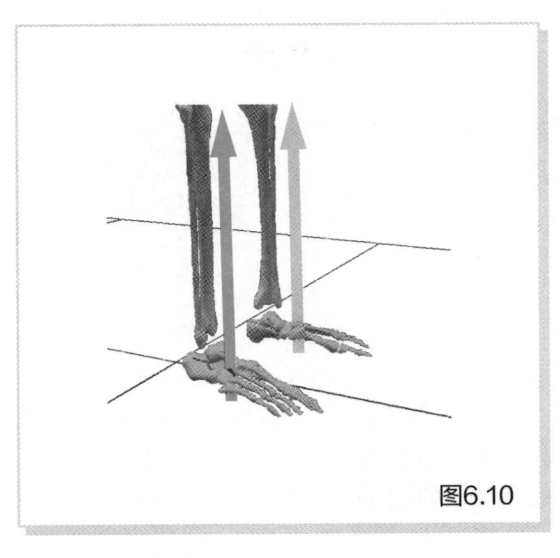
图6.10

动画 6-1

让我们再观察一下直立的姿势（动画6-1）。直立时，地面反作用力分别作用在站立者的右足和左足上。

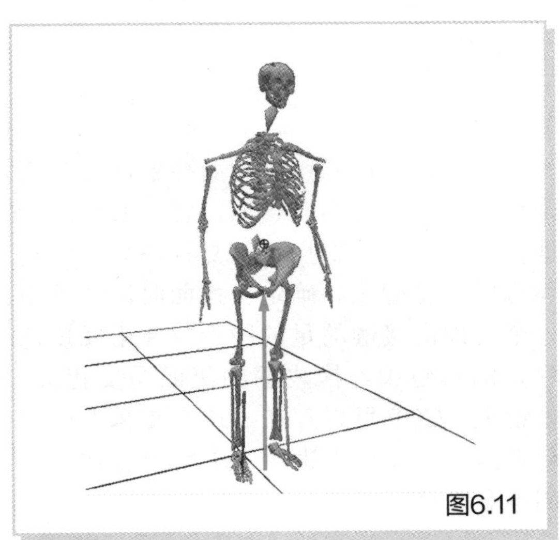
图6.11

如果将这些力合成一个地面反作用力，可以看到合成的地面反作用力，也就是红色箭头所指的力，就在重心的正下方。

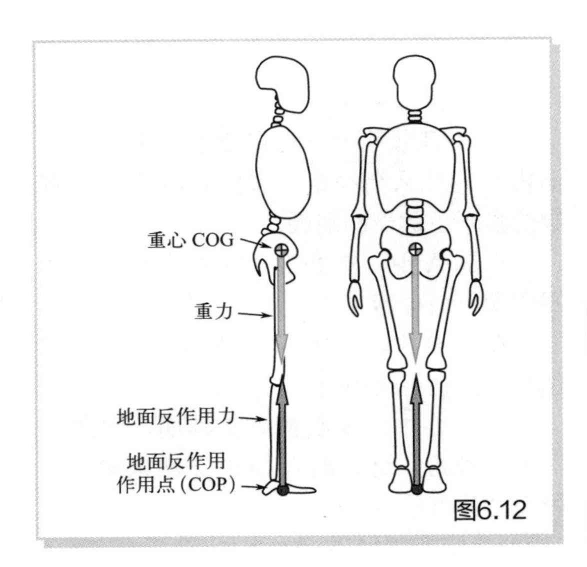

图6.12

整理这个关系，重力作用在重心（COG）上。静止不动时，COP 位于 COG 正下方，地面反作用力与重力大小相同，但方向相反。重力和地面反作用力在同一条作用线上，相互抵消。

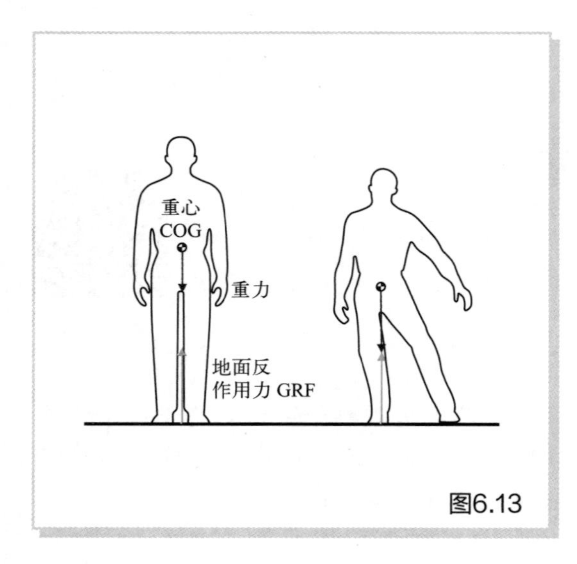

图6.13

只要人体静止，即使姿势改变，COP和COG之间的这种基本关系也会保持。换句话说，COP就在COG的正下方。

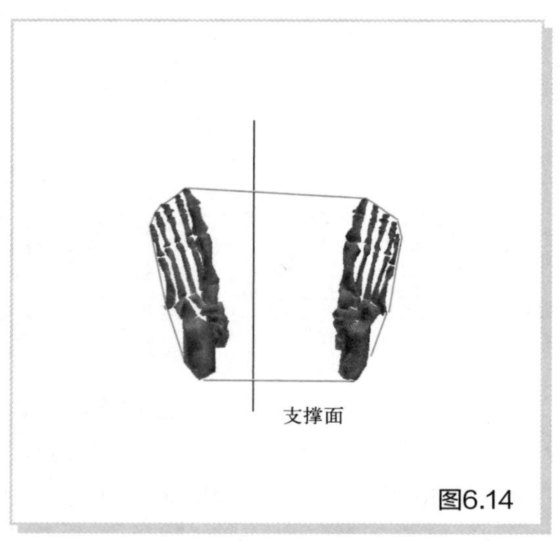

图6.14

如图6.14所示，与地面接触的足部周围形成的轮廓称为支撑面。将重心投影到地板上，如果投影点位于支撑面内，则物体可以保持静止。确定支撑面时，请画出一个与地面接触的足的图形，并用橡皮筋将该图形包围。橡皮筋的里面是支撑面。理论上，COP可以存在于这个支撑面内的任何地方。反过来讲，COP可以存在的范围是支撑面。

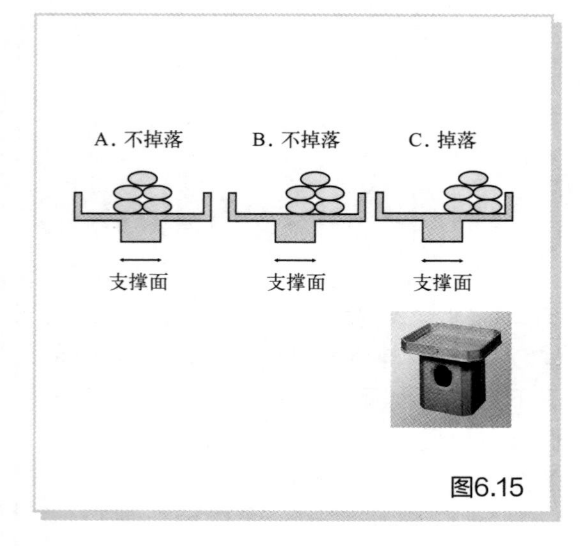

图6.15

让我们思考一下当重心的投影在支撑面内时为什么会稳定。如图6.15所示，有腿的盘子上放着甜甜圈。

在图A中，重心位于支撑面内，因此甜甜圈不会掉落。

在图B中，重心位于支撑面的边缘，但甜甜圈也不会掉落。

在图C中，重心偏离支撑面，因此甜甜圈会掉落。这是因为COP无法延伸到支撑面之外以接住重心。

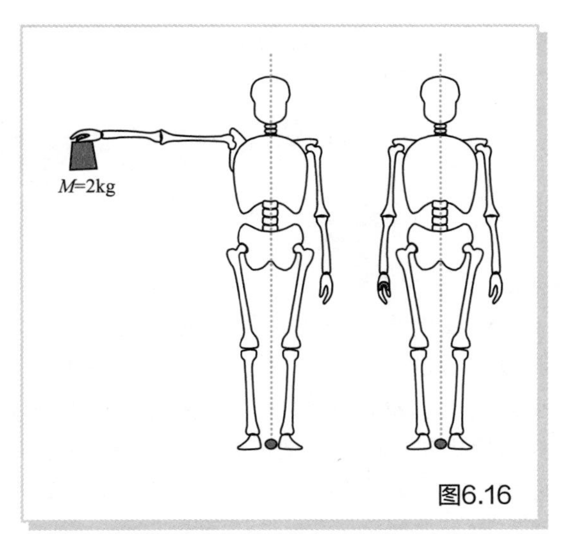

图6.16

重心和地面反作用力作用点（COP）

在掌握了基本原理之后，让我们来应用一下。如图 6.16 所示，当您站立时用右手握住 2kg 的重物时，您的姿势将如何变化？此时，COG 和 COP 将如何变化？

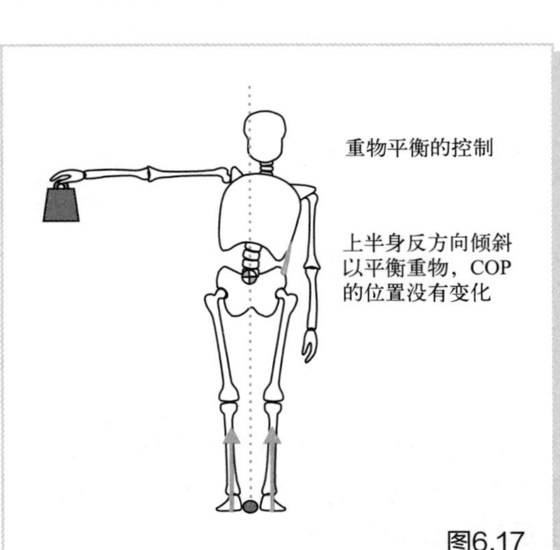

图6.17

让我们用两种方法来思考一下。第一种方法是改变姿势。上半身向与重物相反的方向倾斜，来保持平衡，COP 的位置没有改变。左右两只脚上的地面反作用力保持均等。倾斜上半身需要一定的肌肉活动。然而，由于重物和上身的重力平衡，胸部不需要太多的肌肉活动。尽管如此，右肩必须有很大的外展力量。

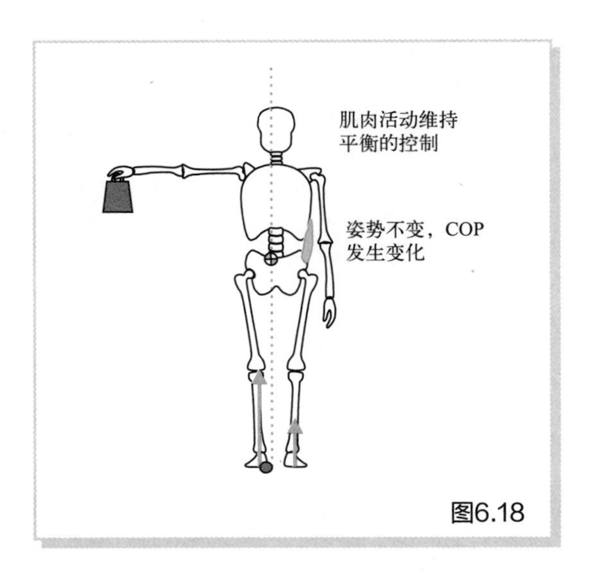

图6.18

第二种方法不会有明显的姿势外观上的改变。虽然姿势没有明显外观上的改变，但由于物体重量和身体重心合成，COP 的位置发生了变化。因此，配重一侧的足的地面反作用力增加，而对侧的地面反作用力减小。此外，如果以脊柱为中心考虑的话，身体上部的重心也会靠近配重的一侧以平衡杠杆系统。胸部需要增加肌肉活动。就像在这个案例中，粗略一看，容易产生不改变姿势肌肉活动就会变少的错觉。学习生物力学的目的之一就是能够避免这些错觉误导。

另外，在这种情况下，如果合成的重心偏离了支撑面，这种姿势也无法维持。因此，以这种姿势举起的重量也是有限的。

图6.19

让我们思考一下，将你的手向前伸去够取前方的一个点。在这种情况下，重心略微向前移动，移动量与手和身体向前倾斜的量相同。你可以把重心移到支撑面的前边缘，但是如果再往前移动，你就会摔倒。

图6.20

现在让我们思考一下坐姿的情况。坐姿的基本原理也是一样的。重心必须位于由足和座面组成的支撑面内。

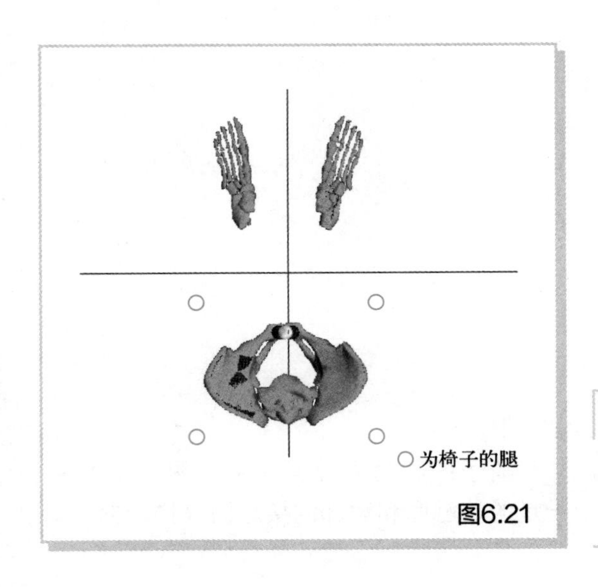

图6.21

请尝试画出坐位时的支撑面。画出坐姿的俯视图，并在上面标注出支撑面（图中的○表示椅子的腿）。

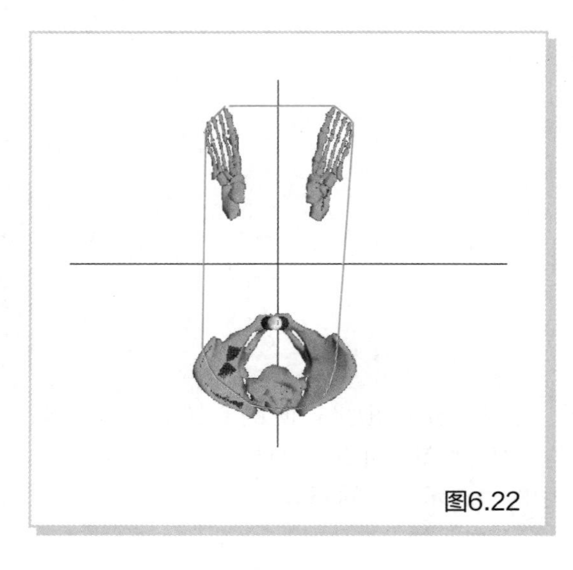

图6.22

课堂教学

椅子的腿与支撑面无关。图 6.22 是基于足的接触面和臀部的接触面来描绘的。

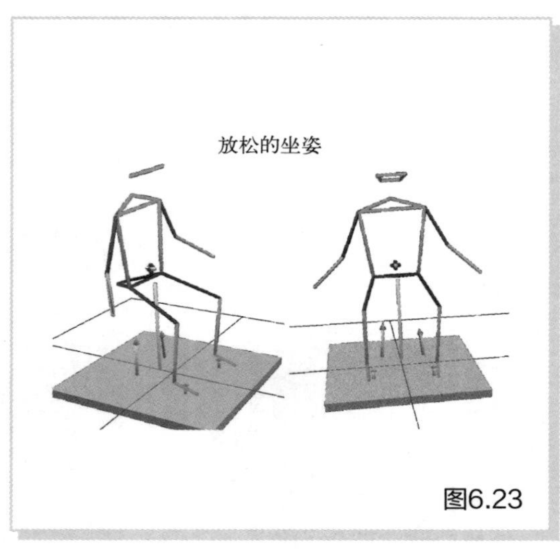

图6.23

请注意，在放松的坐姿中，地面反作用力（由足和臀部的地面反作用力合成）垂直向上，并位于重心的正下方。

图6.24

来看一个向前伸手臂够取的例子（动画 6-2）。这个人伸出右手时右侧下肢承受了很大的负荷。也就是说，重心移动到了右前方。相应地，地面反作用力作用点（COP）也向右前方移动。总的来说，臀部的负荷减少了，足的负荷增加了。施加在臀部和施加在双足上的地面反作用力偏离垂直方向倾斜，但倾斜力相互抵消。所以，你可以看到，合成的地面反作用力是垂直的。

动画 6-2

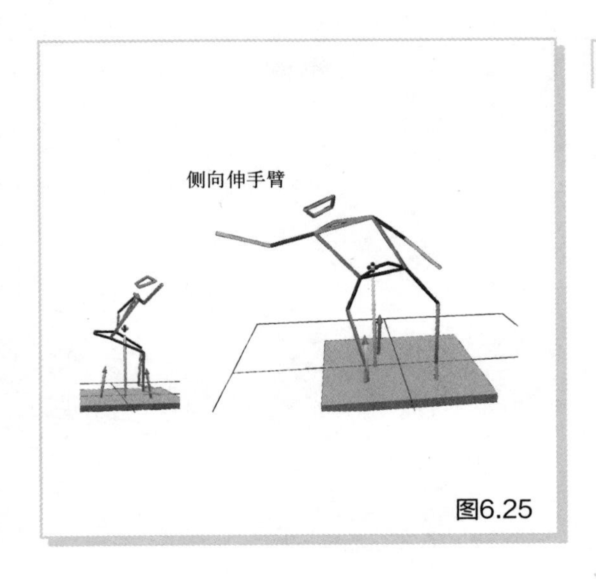

图6.25

图 6.25 中所示是一个坐位向右侧伸手臂够取的例子。重心移向右边，相应地，大部分负荷集中在右侧臀部上（动画 6-3）。同样，地面反作用力作用点（COP）位于重心的正下方。注意，作用在臀部和足部的地面反作用力倾斜的方向相反，因此，合成的地面反作用力是垂直的。

动画 6-3

小结

- COP 可以移动的范围是支撑面。
- 在静止状态时，如果 COP 位于 COG 正下方，则处于稳定状态。

第7章 关节力矩和肌肉活动

本章学习目标：

1. 说明关节力矩；
2. 说明如何计算关节力矩；
3. 说明关节力矩与地面反作用力之间的关系。

关节力矩是生物力学的重要概念之一，因为关节力矩与肌肉活动密切相关，所以日常用语中的“肌力”常常指的是关节力矩。

关节力矩

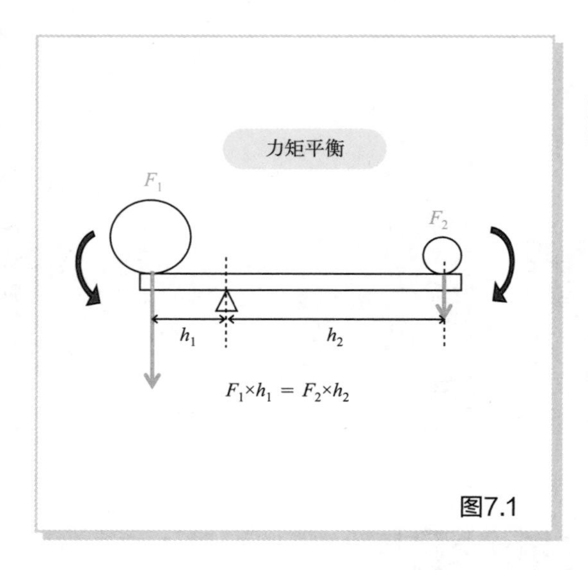

图7.1

在考虑肌肉活动之前，有必要考虑一下力矩的平衡。让我们复习一下杠杆系统的平衡。

如果在图7.1中杠杆的右侧放上重物，就会产生与重量相对应的重力。这个力会产生力矩使杠杆顺时针旋转。为了使杠杆系统静止，必须在转动中心的左侧加一个重物。由于这个重物在左边，产生一个逆时针的力矩，杠杆系统就可以保持静止。此时的力矩平衡方程如下：

$$F_1 \times h_1 = F_2 \times h_2$$

当考虑人体的杠杆系统时，转动中心是关节的中心，来自一侧重物的力是外力，另一个力是肌力。我们首先思考一下作用在人体上的外力。

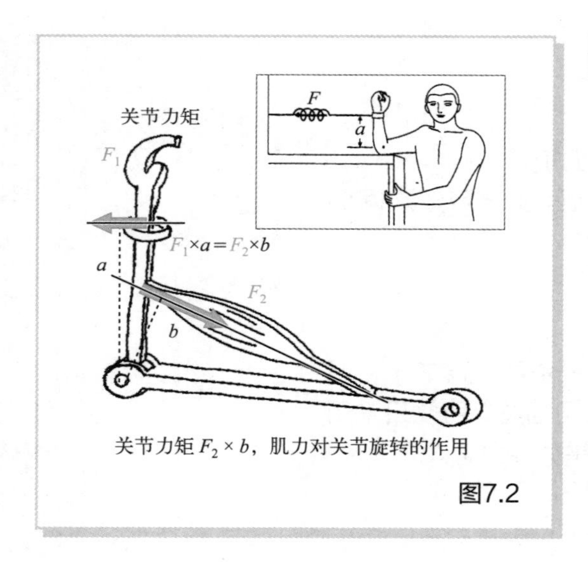

关节力矩 $F_2 \times b$，肌力对关节旋转的作用

图7.2

首先来看看上肢的肌肉活动。如图7.2所示，在屈肘状态时，在离肘关节距离 a 的地方，通过拉弹簧秤来测量肘关节屈肌的活动。由于屈肌和弹簧的力矩是平衡的，我们假设肘部无屈曲无伸展运动，在这种状态下，弹簧试图伸展肘关节的力矩，可以用弹簧力 F_1 乘以从肘关节中心到力作用线的垂直距离 a 来表示。与之平衡的力矩是使肘部屈曲的屈肌肌力产生的力矩。用肘关节屈肌的肌力 F_2 乘以肘关节到 F_2 作用线的垂直距离 b 就得到了这个值。因此，两力矩之间的平衡方程为：

$$F_1 \times a = F_2 \times b$$

此时，肌肉力转动关节的作用效应 $F_2 \times b$ 称为关节力矩。已知外力 F_1 和距离 a，即可准确地求得关节力矩。F_1 是力，单位是N（牛顿），a 是长度，单位是m（米）。因此，关节力矩的单位为N·m（牛顿·米）。当外力 F_1 越大，从转动中心到力作用线的距离 a 越大时，关节力矩越大。

图7.3

现在我们来看看下肢的情况。图 7.3 中显示的是一种测量肌肉“力量”的仪器。这台机器通过电机在外部对膝关节施加一个载荷，可以测量出膝关节伸肌的力矩，测量出的这个值在运动领域也可以称为膝关节扭矩。力矩和扭矩在这里几乎是相同的概念。因此，肌肉扭矩的单位也是N·m(牛顿·米)。这个测量中，电机的负荷是施加在身体上的外力。我们可以用这台机器测量肌肉的“力量”。但是，如果我们想知道日常活动中产生的肌肉“力量”，我们应该怎么做呢？我们不能在日常活动中使用这台机器。

图7.4

如图 7.4 所示，我们考虑单下肢站立，屈曲膝关节。此时膝关节伸肌的活动是必要的。这个姿势下，膝关节的外部载荷是多少？如果你体重很重，当你的身体快速上下移动时，外部载荷就会很大。也就是说，膝关节上方身体的重量和身体的运动方式会影响膝关节上的载荷。因此，如果能准确测量出膝关节上方人体的重量和运动方式，就可以得到膝关节的关节力矩。然而，由于难以精确测量，我们会考虑膝关节以下所施加的力。作用在膝关节以下部分的最大外力是地面反作用力。就像之前学过的那样，地面反作用力反映了体重和重心的运动。通过考虑地面反作用力，就可以求得下肢关节力矩。

关节力矩和地面反作用力

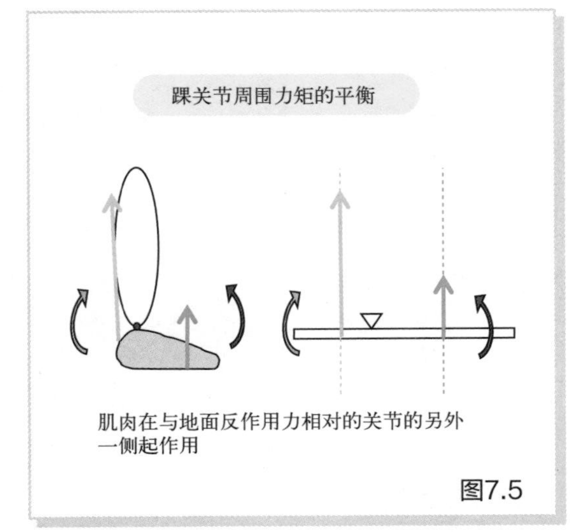

图7.5

首先，让我们考虑站立时作用在足上的力。地面反作用力从地面向上作用在足上。假设踝关节为杠杆系统的转动中心。地面反作用力是作用在转动中心右侧向上的力。这个力使杠杆受到一个逆时针的力矩。为了对抗这个力矩，在转动中心的另一边就需要一个向上的力。对足来说，足跖屈肌的力量起作用，产生顺时针的力矩使杠杆平衡。

为了保持这样的姿势，肌肉在与地面反作用力相对的关节的另外一侧起作用。事实上，地面反作用力与肌肉力量产生的力矩并不是完全平衡的。然而，可以合理地假设，在日常活动等缓慢运动中，两者几乎是平衡的。

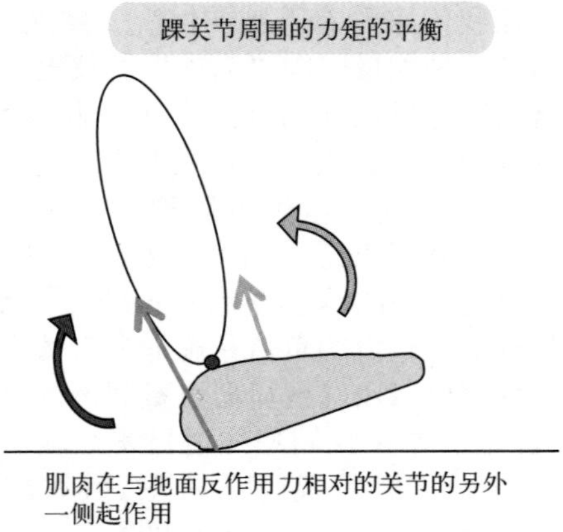

踝关节周围的力矩的平衡

肌肉在与地面反作用力相对的关节的另外一侧起作用

图7.6

如图 7.6 所示，当地面反作用力作用在足跟处时，地面反作用力的作用线通过踝关节的后方，此时，踝关节背屈肌工作来对抗地面反作用力的作用。

膝关节周围的力矩的平衡

肌肉在与地面反作用力相对的关节的另外一侧起作用

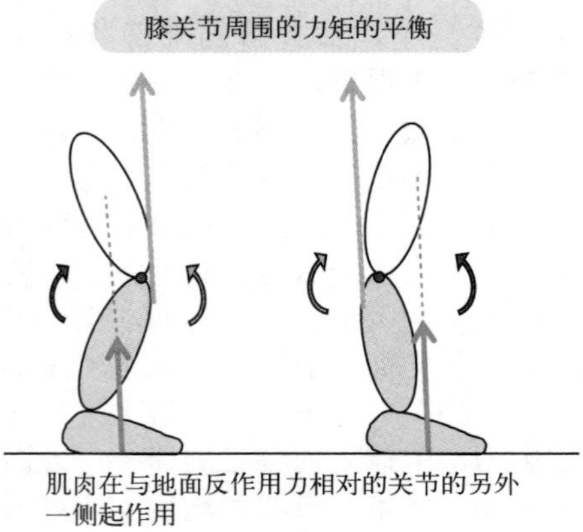

图7.7

在考虑膝关节时，为了简单起见，将小腿和足视为一个节段。思考一下地面反作用力是如何移动这部分的。然后，像观察踝关节一样，如果地面反作用力矢量的作用线经过膝关节后面，则小腿 + 足部的节段会产生顺时针旋转的效果，这种情况下，膝关节伸肌必须对小腿 + 足部的节段产生逆时针的旋转效果来对抗地面反作用力的作用。如果地面反作用力矢量的作用线从膝关节前面通过，小腿 + 足部的节段会产生逆时针旋转的效果，所以膝关节屈肌也必须产生顺时针旋转的效果。

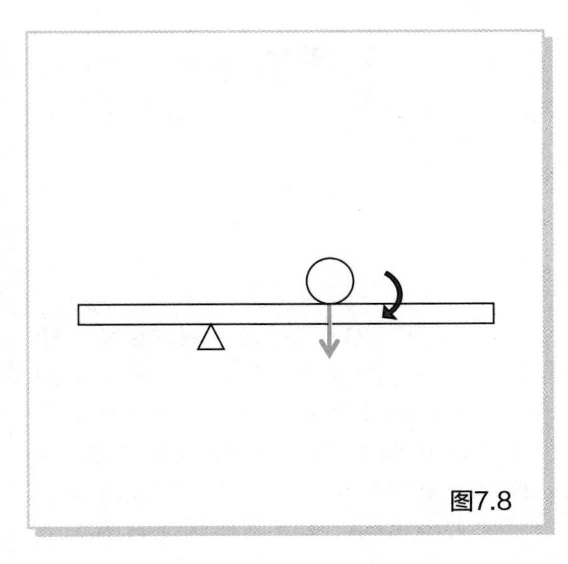
图7.8

关节力矩的大小

接下来，让我们思考一下关节力矩的大小。假设在支点附近有一个物体。

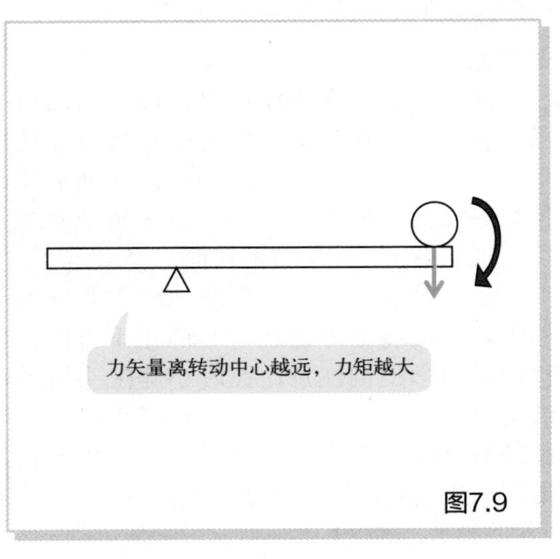

图7.9

重量相同时，与支点的距离越远，作用在杠杆上的力矩越大。

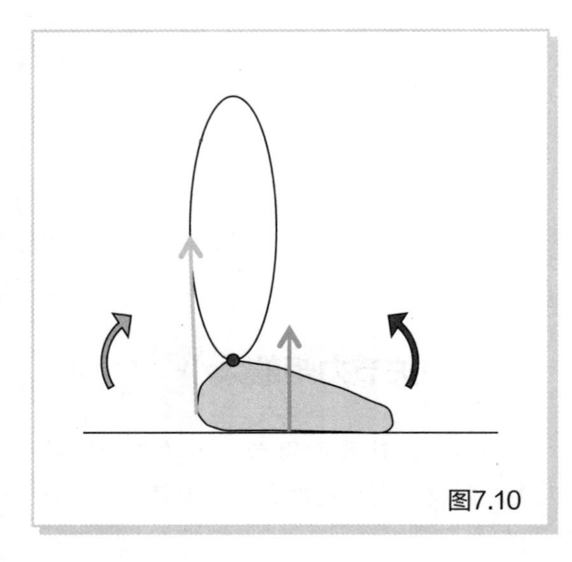
图7.10

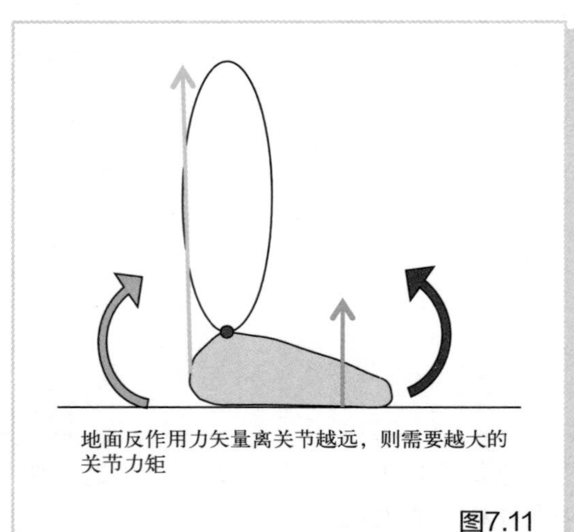

图7.11

关节力矩也是如此。思考一下这种情况，当COP从足的中间移动到足趾区域。

为了保持COP在足趾区域的姿势，跖屈肌需要更大的活动，与其说肌肉活动的增加是因为COP向前移动了，倒不如说是由于肌肉活动的增加，COP向前推进了，这样可能更容易理解。这样，即使地面反作用力大小相同，如果其作用在远离关节的地方，则需要更大的关节力矩。

课堂教学

请让所有的学生站起来。以自然的解剖姿势闭眼放松站立。让他们想象身体的重心在骨盆的中央。与此同时，让他们想象COP处于重心的正下方。COP的位置大约在足的中央、踝关节的前面。

从这个状态开始，慢慢地将重心向前移动，COP将会随之在重心的正下方向前移动。请学生们注意，此时小腿三头肌的活动会增加。接下来，慢慢地将重心向后移动到踝关节正上方。这时，让学生们认识到小腿三头肌的活动减少了。

屈膝姿势下的关节力矩

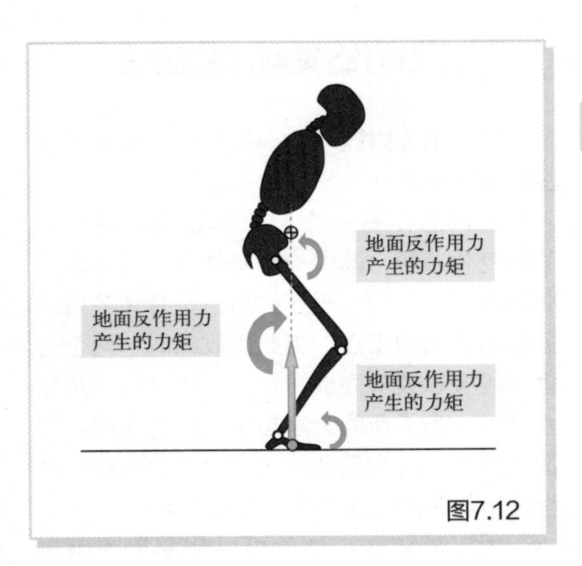

图7.12

接下来我们思考一下全身的运动。考虑一个静止姿势，双膝屈曲、躯干向前倾斜。观察地面反作用力与下肢关节力矩的关系。地面反作用力矢量的作用线经过踝关节前方、膝关节后方和髋关节前方。因此，地面的反作用力使踝关节背屈、膝关节屈曲、髋关节屈曲。

注：此时地面反作用力的力矩是外力产生的力矩，有的英文医学文献称外力力矩为 joint moment，中文直译为关节力矩，如图 7.12 中所示的情况，有使髋关节屈曲的力矩。

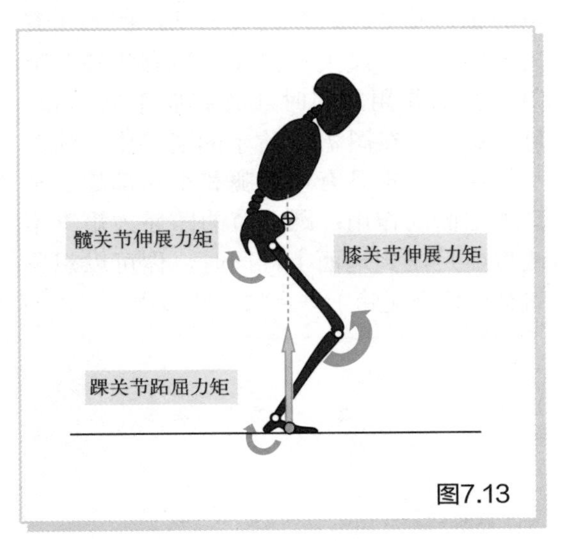

图7.13

此时的关节力矩与地面反作用力在每个关节处产生的力矩方向相反。也就是说，踝关节跖屈力矩、膝关节伸展力矩和髋关节伸展力矩被认为是主动力矩。

注：如图 7.13 所示姿势，髋关节表现为“伸展”力矩，也就是与上文提到的有些英文文献所提出的关节力矩是正相反的。至于使用哪个，需要大家根据关节和反作用力的位置关系来判断。

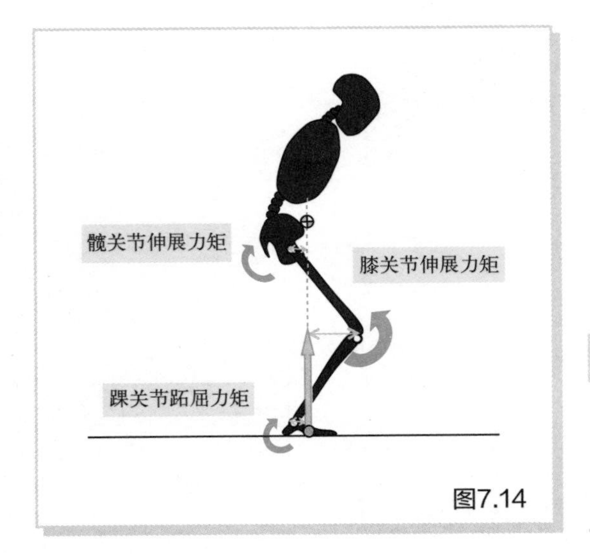

图7.14

关节力矩的大小由每个关节到地面反作用力矢量的垂直距离决定。在图 7.14 中，由于膝关节到地面反作用力矢量的垂直距离较大，所以膝关节的伸展力矩也较大。

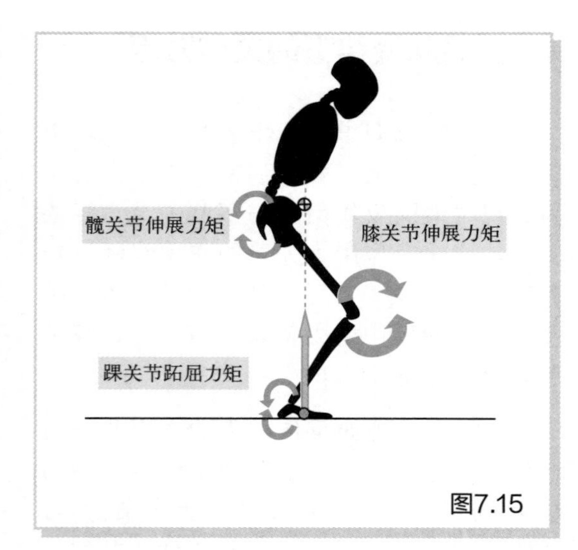

图7.15

关节力矩矢量图的画法

现在我们来学习一种画关节力矩矢量图的新方法。

肌肉总是有一个起点和止点。两个相邻的身体节段，其中一个身体节段的远端为肌肉的起点，与之相连的另一个身体节段的近端为肌肉的止点。当肌肉收缩时，两个身体节段会以关节为旋转轴，一边旋转一边相互靠近。为了帮助大家想象这样的作用，如图 7.15 所示，用箭头画出两对关节力矩。确保两个箭头的尖端在中心处相对。

用这种画法，你就可以想象出关节力矩的正常功能。可以回想一下，例如在髋关节伸展时，髋关节伸展力矩有将膝关节向后拉的作用，同时还会将躯干向后拉。可以看出，在图 7.15 所示的姿势中，膝关节的伸展力矩具有使大腿和小腿都趋于垂直于地面的作用；踝关节的跖屈力矩牢牢地将前足压到地面上，同时，你可以想象它有后拉小腿趋于垂直站立的作用。

图7.16

如果进一步增大下蹲的幅度，则各关节到地面反作用力矢量的距离增大。每个关节的关节力矩也增加了。让我们用刚刚学过的画关节力矩矢量图的新方法来标注此时的关节力矩。请尽快习惯这种画图的方法。

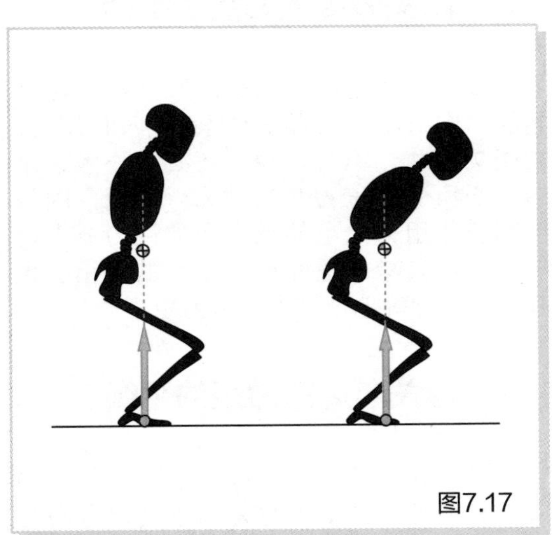
图7.17

课堂教学

让学生以自然姿势站立，想象解剖学的重心的位置。接下来，让他们想象一下右足和左足 COP 的位置。请保持上半身直立，膝关节屈曲约 90°，让学生们意识到膝关节伸肌的活动增加。此时，他们可以感觉到左右两侧的地面反作用力通过膝关节后方。

从这个姿势开始，让他们的身体慢慢向前倾斜，让他们感觉到重心向前移动。他们可以观察到左右两侧的地面反作用力逐渐向前移动。当地面反作用力靠近膝关节时，可以感觉到膝关节伸肌变得不那么活跃了。

小结

每个关节所需关节力矩的大小取决于地面反作用力通过距离关节多远的地方。

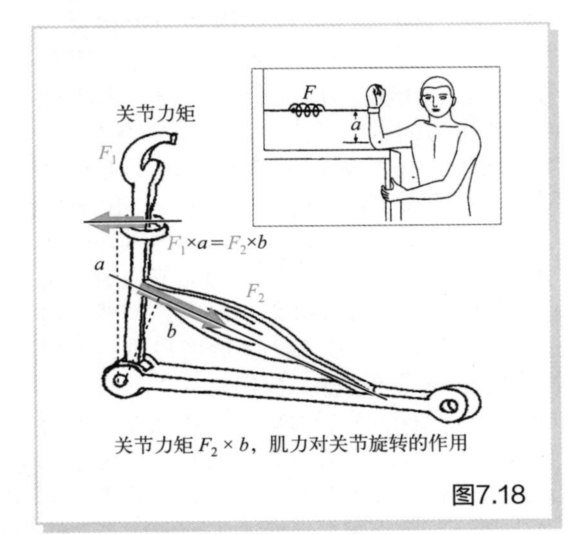

关节力矩 $F_2 \times b$，肌力对关节旋转的作用

图7.18

课堂教学

只在学生提出问题时，解释该部分的内容。

在计算上肢的关节力矩时，基本上是根据施加在上肢上的外力，如图 7.18 所示。为了计算得更准确，要考虑手和前臂的重量。如果不是完全平衡，也要考虑前臂的运动（惯性力）。如果不施加外力，则只考虑重量和惯性力。计算上肢关节力矩时，根据施加在手上的力计算肘关节力矩。如果有必要的话，也可以用它来计算肩关节的力矩。

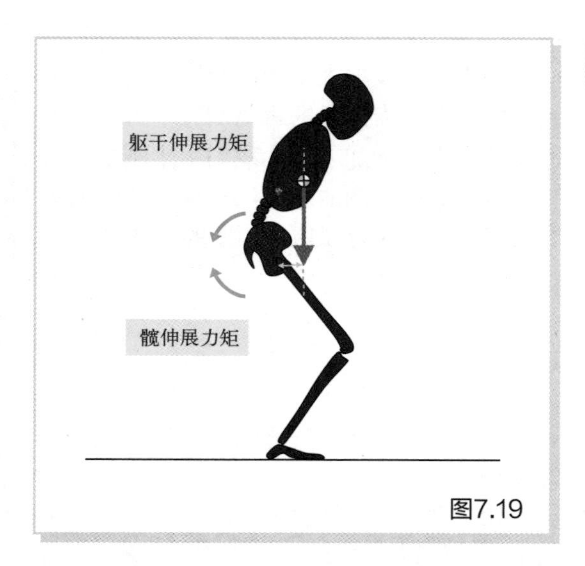

图7.19

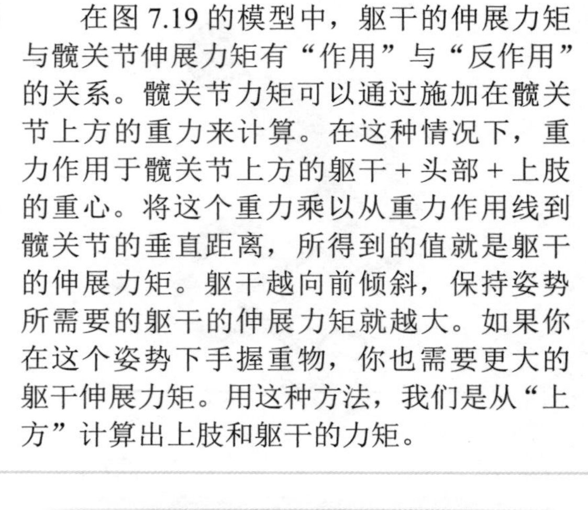
在图 7.19 的模型中，躯干的伸展力矩与髋关节伸展力矩有“作用”与“反作用”的关系。髋关节力矩可以通过施加在髋关节上方的重力来计算。在这种情况下，重力作用于髋关节上方的躯干 + 头部 + 上肢的重心。将这个重力乘以从重力作用线到髋关节的垂直距离，所得到的值就是躯干的伸展力矩。躯干越向前倾斜，保持姿势所需要的躯干的伸展力矩就越大。如果你在这个姿势下手握重物，你也需要更大的躯干伸展力矩。用这种方法，我们是从“上方”计算出上肢和躯干的力矩。

踝关节周围力矩的平衡

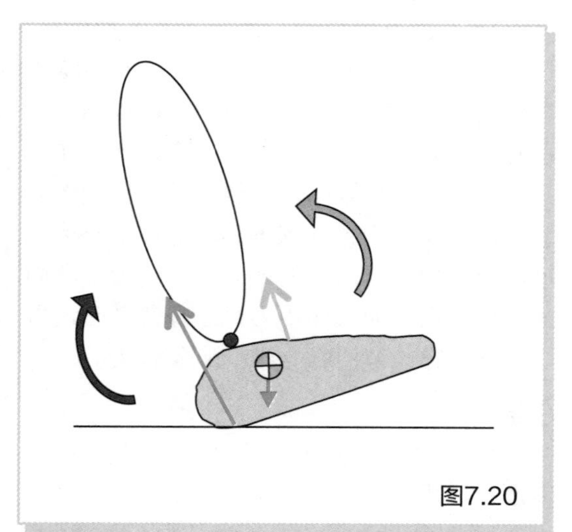
图7.20

就下肢而言，计算是从底部即从足开始的。作用在足上的外力是地面反作用力。在图 7.20 中，准确地说，还必须要考虑足的重心所受的重力和惯性力。然而，因为地面反作用力比足的重力和惯性力要大得多，即使只考虑地面反作用力的作用，也几乎可以准确地推算出关节力矩。

膝关节周围力矩的平衡

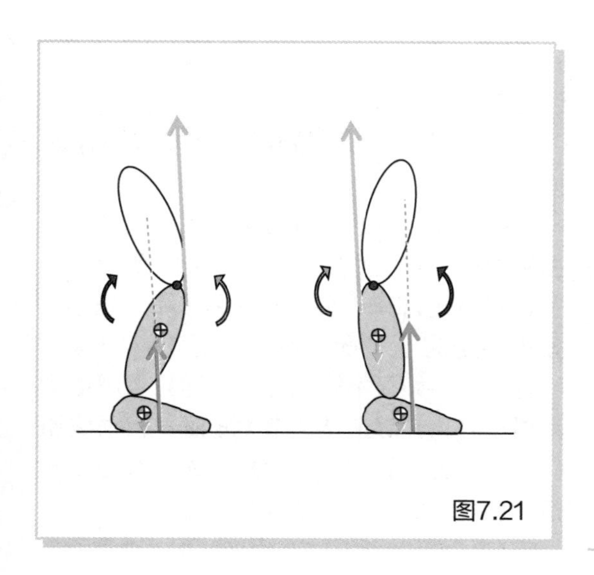
图7.21

就膝关节而言，要考虑小腿和足部的重力和惯性力。重力总是向下的，方向与向上的地面反作用力相反。因此，重力产生的力矩会向与地面反作用力力矩相反的方向作用。这样，关节力矩将不等同于只考虑地面反作用力时的值。然而，由于地面反作用力的影响较大，因此差异不大。

同样，在考虑髋关节时，也要考虑大腿、小腿和足部的重力和惯性力。由于它们是近端关节，除了地面反作用力以外的元素也会增加。地面反作用力的关节力矩与实际关节力矩在髋关节处差别最大。当然，通过正确计算求得的关节力矩会考虑重力和惯性力的影响。像这样，我们是从“下面”开始计算出下肢的关节力矩。也就是说，无论上肢还是下肢，关节力矩都是通过考虑作用于目标关节远端（末梢）的力来确定的。

第8章 关节功率

本章学习目标：

1. 说明关节力矩的意义；
2. 说明机械功；
3. 说明肌肉产生的功；
4. 说明肌肉产生的功率；
5. 说明功率和肌肉收缩之间的关系。

“力量”这个词经常出现在日常生活中，比如“那个人有力量”。然而，我们使用它却不知道它的正确意思。在生物力学中，这个词必须正确使用，称为功率。高功率意味着不仅仅是肌肉力量大，还需要快速地移动。让我们正确理解一下功率。

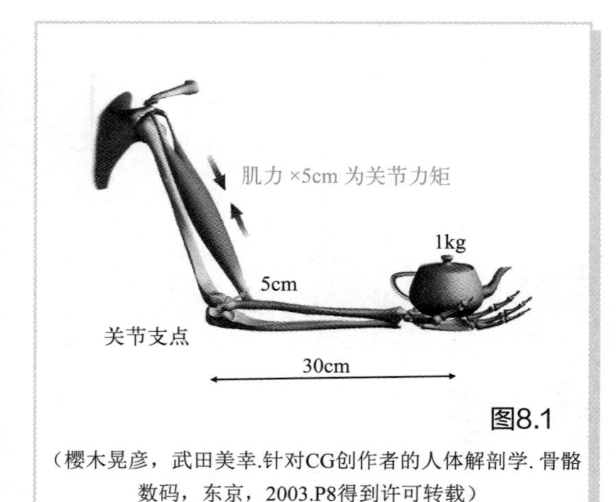

图8.1
（樱木晃彦，武田美幸.针对CG创作者的人体解剖学.骨骼数码，东京，2003.P8得到许可转载）

课堂教学

也可以先从关节力矩和肌肉活动开始。

先来复习一下，图 8.1 所示为前面提到的一个例子，肘关节屈曲力矩为肱二头肌肌力乘以 5cm。

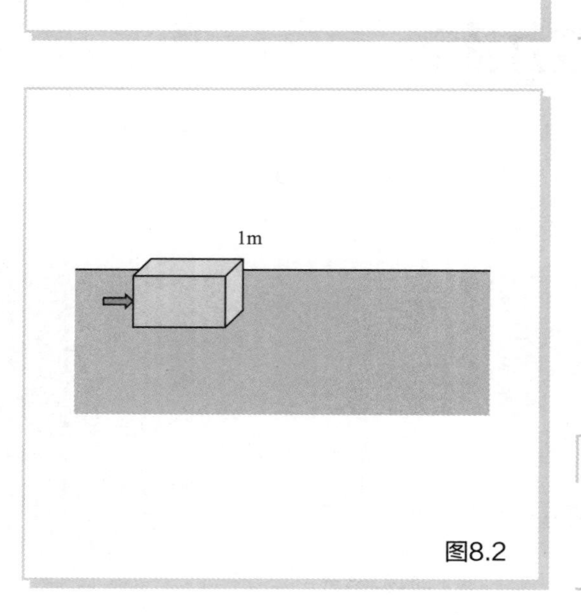

图8.2

机械功

在继续之前，让我们复习一些物理学知识。假设你用图 8.2 所示的力移动地面上的物体。

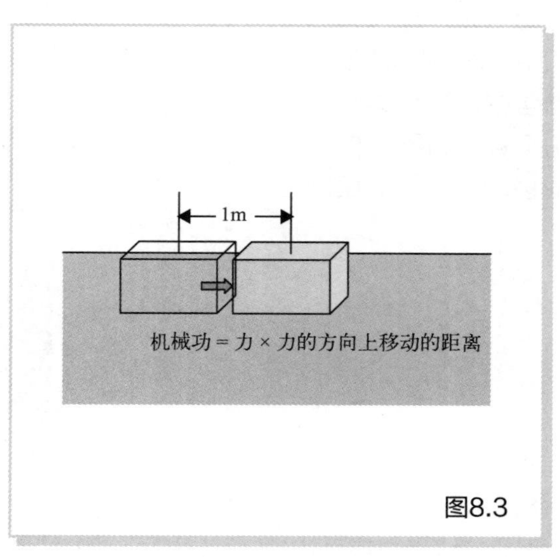

图8.3

此时，“力 × 力的方向上移动的距离”称为机械功。功的单位是 J（焦耳）。

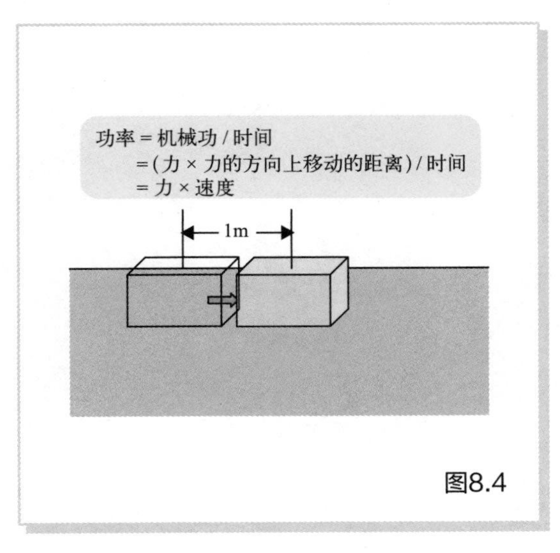

图8.4

机械功除以移动物体所花费的时间，得到的值称为功率，或单位时间的功。

因此“功 = 力 × 力的方向上移动的距离”“功率 =(力 × 力的方向上移动的距离)/时间”。在功率公式的后半部分中，力的方向上移动的距离除以时间就是速度，所以这个方程也可以写成“功率 = 力 × 速度”。功的效率称为功率。单位为 W（瓦特）。当力和速度变大时，功率增加。

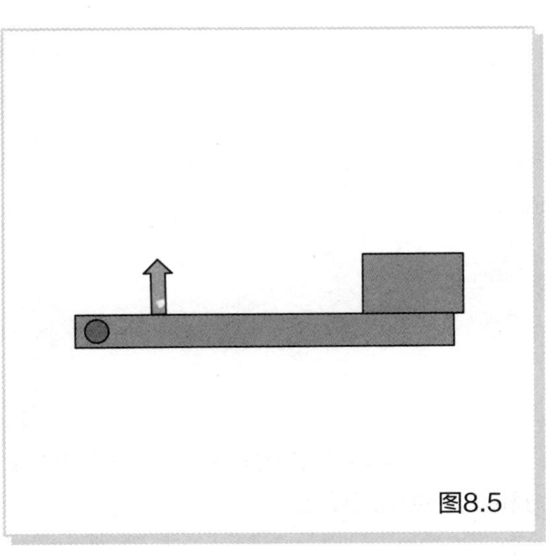
图8.5

肌肉的机械功和功率

现在让我们把这个想法应用到人体内。画一个模型，模拟用你的肱二头肌举起茶壶的情况，如图 8.5 所示。这个图形的左边是肘关节。红色箭头表示肱二头肌的肌肉收缩力量。为简单起见，肱二头肌收缩的力垂直于前臂。

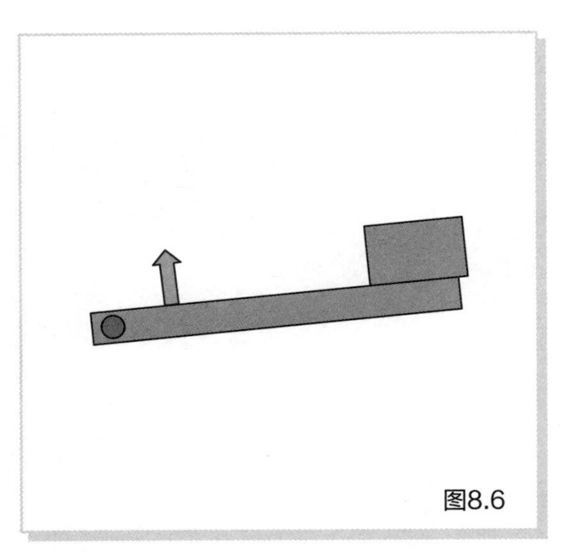
图8.6

当肱二头肌收缩时，如图 8.6 所示，前臂转动，茶壶向上移动。

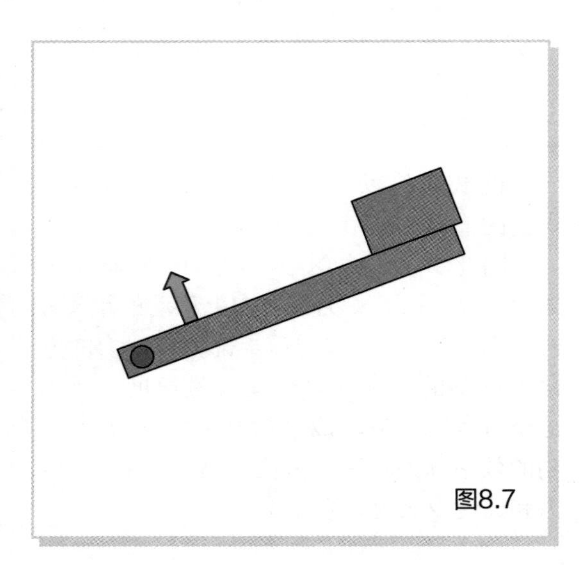

图8.7

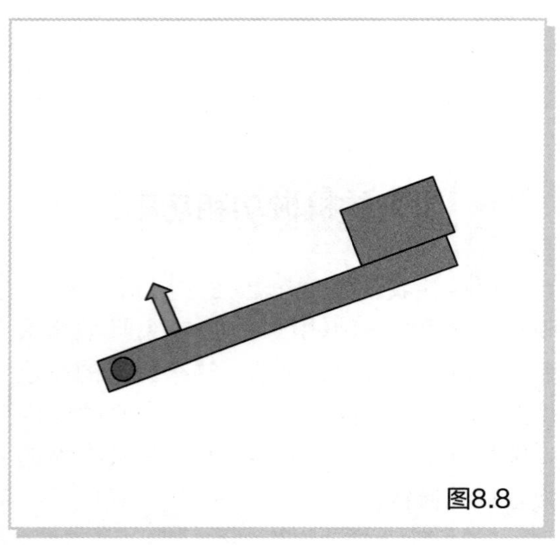

图8.8

此时，请将注意力放在肱二头肌的肌力和其止点的运动上。

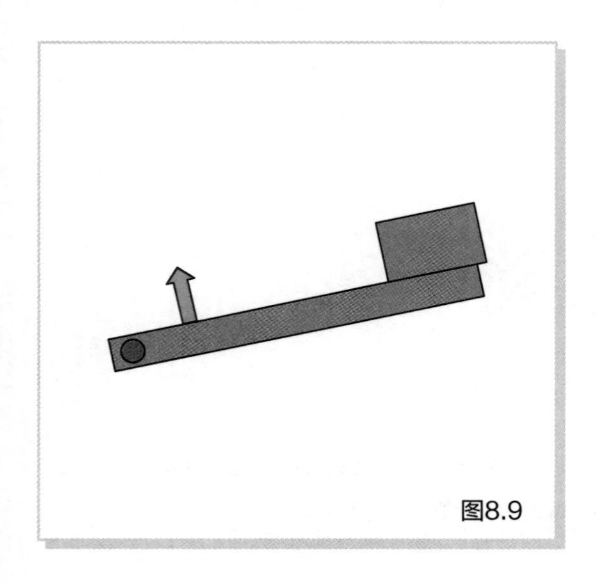

图8.9

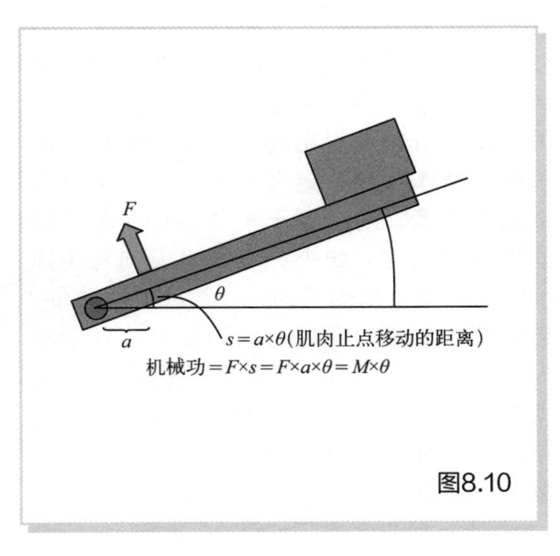

图8.10

肱二头肌止点移动的距离在图中为 s。s 是半径为 a 的圆的圆弧。这个值用数学形式表示为"$a\times\theta$"。θ 是用弧度表示的角度。

肱二头肌的功是 $F\times s$，所以把 s 改写为 $a\times\theta$ 会得到结果"机械功 = $F\times a\times\theta$"。

式子前半部分的 $F\times a$ 是关节力矩，即"机械功 = 关节力矩 $\times\theta$"。

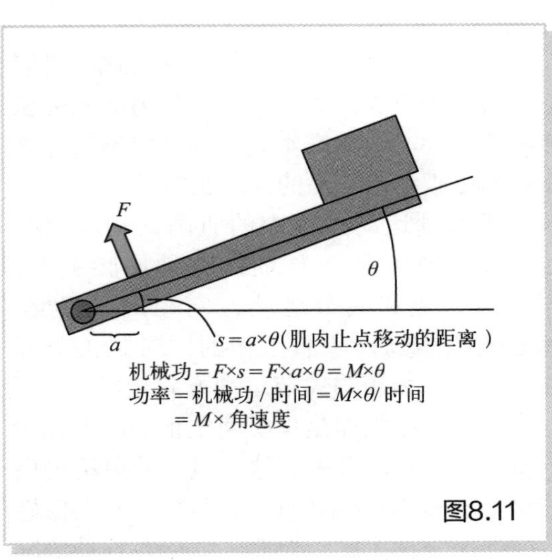

图8.11

功率是机械功除以时间得到的数值。θ 除以时间得到角速度。因此，肱二头肌的功率是"关节力矩 × 角速度"。当关节力矩和角速度增大时，功率增大。

课堂教学

部分学生可能不理解 $s=a\times\theta$，不过没关系，只要他们可以理解肌肉止点部位的移动距离与角度成正比就足够了。

关节力矩和肌肉活动

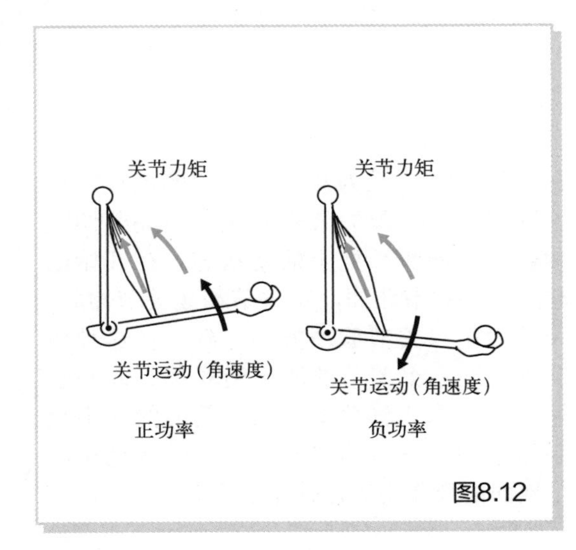

图8.12

通过了解运动过程中的关节力矩和角速度，我们可以推测出肌肉收缩的状态。让我们探讨一下肘关节的情况，如图 8.12 左图所示，此时肘关节屈曲，手部持有重物，做屈曲和伸展肘关节的运动。此时，肘关节屈肌被激活，产生屈肘的力矩。当从这个状态屈曲肘关节时，肘关节会屈曲，同时产生一个屈肘力矩。因此可以说肘屈肌产生了向心收缩。

另一方面，当肘关节如图 8.12 右图所示伸展时，肘关节会伸展，同时肘屈肌产生一个屈曲力矩。此时肘屈肌进行离心收缩，可以说肘屈肌是作为减速装置在工作的。

关节周围的功率

功率 = 关节力矩 × 关节角速度

正功率：向心收缩或缩短收缩

负功率：离心收缩或拉长收缩

通过运动分析的结果计算关节周围的功率，可以定量地研究这些肌肉的功能。关节功率可由计算出的关节力矩和角速度求出。功率的数学定义是关节力矩乘以关节的角速度。功率等于关节力矩在单位时间内所做的功。如果关节力矩方向与角速度方向相同，则功率为正，对应向心收缩。当关节力矩与角速度方向相反时，其功率为负，对应离心收缩。如果肌肉在不改变关节角度的情况下产生力矩，肌肉等长收缩。在这种情况下，角度不变，所以角速度为零，功率为零。

肌肉活动的类型

等长收缩：肌肉长度不变

向心收缩：关节力矩与关节运动方向相同

离心收缩：关节力矩与关节运动方向相反

根据肌肉活动时肌肉长度的变化，肌肉活动可分为三类：等长收缩产生力而肌肉长度不变；向心收缩产生力的同时肌肉长度缩短；离心收缩产生力的同时肌肉长度伸长。

考虑到运动过程中的肌肉活动，向心收缩是当伸膝肌工作的同时伸展膝关节，即关节力矩和关节运动方向相同。相反，离心收缩是当伸膝肌工作的同时膝关节屈曲，即关节力矩与关节运动方向相反。

由于向心收缩是指肌肉做正功，因此对于机器人来说，要做到这一点需要电机提供能量。而离心收缩是肌肉做负功，肌肉像橡胶或弹簧一样工作。然而，即使在这种情况下，人类的肌肉也会消耗代谢能量。

从蹲姿站起时的肌肉活动

关节力矩（粉色）和关节运动（灰色）是同向的→向心收缩

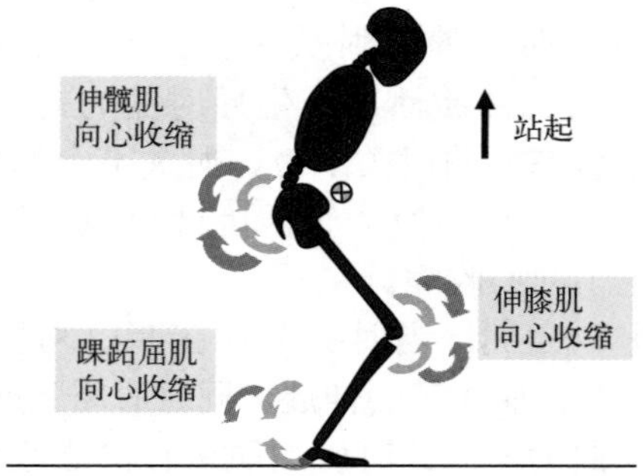

图8.13

图 8.13 所示为从蹲姿站起的动作。在这种状态下，踝关节跖屈肌、膝关节伸肌和髋关节伸肌都处于活动状态。在开始站起时，踝关节跖屈，膝关节和髋关节伸展。关节力矩与关节运动方向一致。在这种情况下，这三个关节的肌肉活动都是向心收缩。如果你计算功率，三个关节的功率全都是正的。在这种状态下，肌肉活动克服了地面的反作用力，使重心上升。

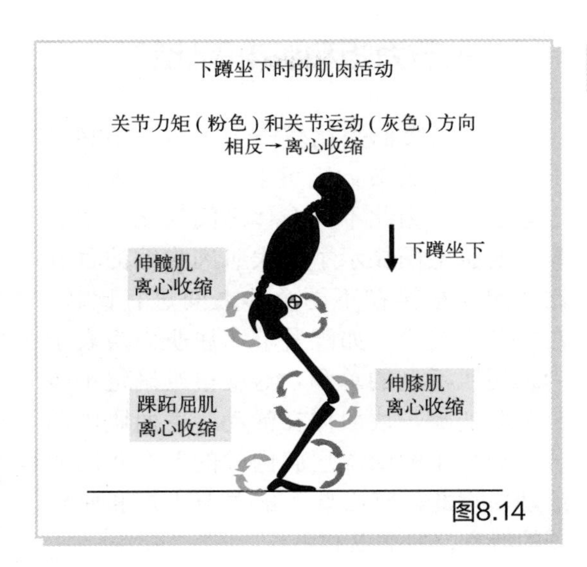

图8.14

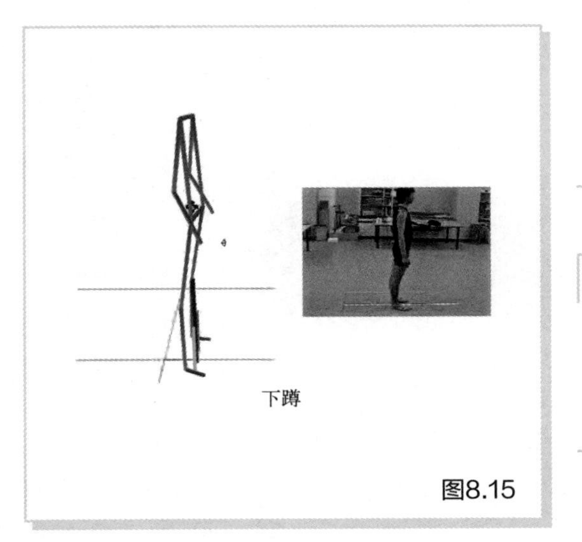

图8.15

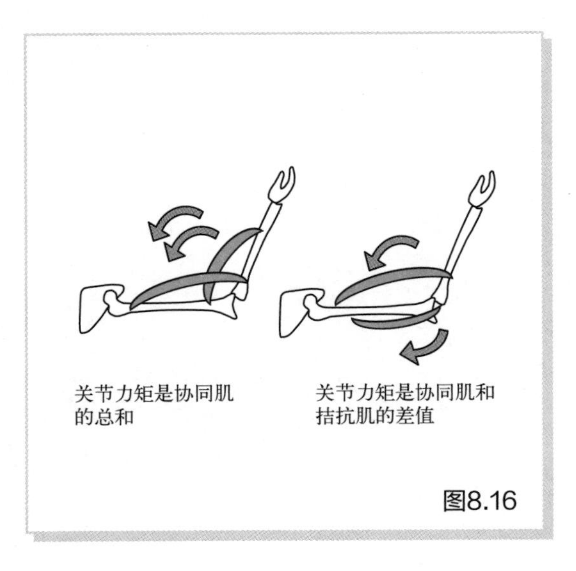

图8.16

图 8.14 所示为下蹲坐下动作。每个关节周围活动的肌肉与站起时的相同，但关节的运动是踝关节背屈、膝关节屈曲和髋关节屈曲。由于关节力矩和关节运动方向相反，肌肉活动是离心收缩。如果计算功率，三个关节的功率全都是负的。

每个关节周围肌肉的作用是抑制（减速）因重力作用而产生的重心下降运动。应该注意的是，无论使身体上升还是下降时，工作的肌肉都是伸肌。当起身时，很容易想象伸肌在工作。但当身体下降时，可能很难想象伸肌在工作。在这种情况下，重力使关节屈曲，肌群为了使这个动作缓慢、平稳地进行而制动。

站姿时，下肢始终受到地面反作用力自下而上的推动。为了在这种状态下保持身体姿势，伸肌和跖屈肌的活动是必要的。这些肌肉被称为抗重力肌。

课堂教学

教师反复播放下蹲时的动画（动画 8-1），让学生想象关节力矩和关节运动。

动画 8-1

协同肌和拮抗肌的关节力矩

这里我们解释一下关节力矩概念的局限性。关节力矩是身体内部所有力的力矩总和。身体内部的力量不仅仅是肌肉力量。例如，由韧带和关节周围的关节囊等组织产生的力也包含在内。此外，即使只考虑肌肉力量，如图 8.16 所示，协同肌和拮抗肌作用时关节力矩是这些肌肉产生的力矩的总和。在只有协同肌工作时，它是这些协同肌力矩的总和。在有拮抗肌工作的时候，关节力矩就是协同肌和拮抗肌产生的力矩之间的差值。所以，单个肌肉的活动不能仅从关节力矩的结果来确定。为了解运动过程中每一块肌肉的活动情况，需要测量肌电图（EMG）。

	关节力矩	肌电图
定量	○（优秀）	△（一般）
单个肌肉活动	△（一般）	○（优秀）

关节力矩和肌电图比较

最后，我们来比较一下关节力矩和肌电图。由于关节力矩可以用N·m为单位定量表示，因此不同个体之间的比较很容易。而肌电图显示了最大肌肉收缩的百分比，因此很难在不同个体之间进行比较。在关节力矩中，如踝关节跖屈肌力矩表示为跖屈肌活动的总和。这就很难确定小腿三头肌的哪一块肌肉在活动。表面肌电图可以让你了解除深层肌肉外的单个肌肉的活动。因此，有必要了解关节力矩和肌电图的特点，并加以利用。

第 9 章

跳跃动作

本章学习目标：

1. 说明机械能；
2. 说明肌肉活动和跳跃高度；
3. 说明跳跃时的地面反作用力和重心加速度；
4. 说明跳跃时的关节力矩；
5. 说明跳跃时关节力矩的功率；
6. 说明如何跳得高。

我们将使用迄今为止所学到的所有知识来分析跳跃动作。

机械能：

动能：$K = \frac{1}{2} M \times V^2$

势能：$U = Mgh$

M 表示质量，V 表示速度，g 表示重力加速度，h 表示高度

机械能

首先，能量的基本计算公式如下：

动能：

$$K = \frac{1}{2} M \times V^2 \tag{9.1}$$

势能：

$$U = Mgh \tag{9.2}$$

公式中，M 表示质量，V 表示速度，g 表示重力加速度，h 表示高度。

练习题

当一个体重 65kg 的人以 3.0m/s 的初速度垂直向上跳跃时，重心将上升多少米？

练习题

当一个体重 65kg 的人以 3.0m/s 的初速度垂直向上跳跃时，重心将上升多少米？

☞ 请先尝试自己回答这个问题。

练习题答案

当一个体重 65kg 的人以 3.0m/s 的初速度垂直向上跳跃时，重心将上升多少米？

思路：

如果初速度为 3.0m/s，动能是多少？

在最高点，动能全部转化为势能

$Mgh=(1/2)M\times(3.0\text{m/s})^2$

$h=0.45\text{m}$

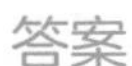

如果初速度为 3.0m/s，动能为“$K=$（1/2）$M\times$（3.0m/s）^{2}”。

在最高点，动能全部转化为势能，因此 K 变为 U，

“$U=K$”

“$Mgh=$（1/2）$M\times$（3.0m/s）^{2}”。由此计算 h（高度），$h=0.45\text{m}$。

图9.1

在上述题目中应注意以下事项：开始时重心是静止的，当足开始要离开地面时，COG 的初始速度为 3.0m/s，这意味着足在接触地面时，受到外部力的作用。虽然这个力是地面反作用力，但在足离开地面前，地面反作用力不能被重力抵消而被施加在人身上。第二点是动能以 3.0m/s 的初速度产生，一定有什么东西在起作用，才能产生能量。这是关节伸肌向心收缩在起作用。换句话说，伸肌群在跳跃起来之前的时间里做了正功。由于功率是单位时间内的功，因此如果功率在一定时间内持续发挥作用的话，累计的功率就成为功。这个功产生了跳跃的动能。在进行下一项任务之前，请密切注意这两点。

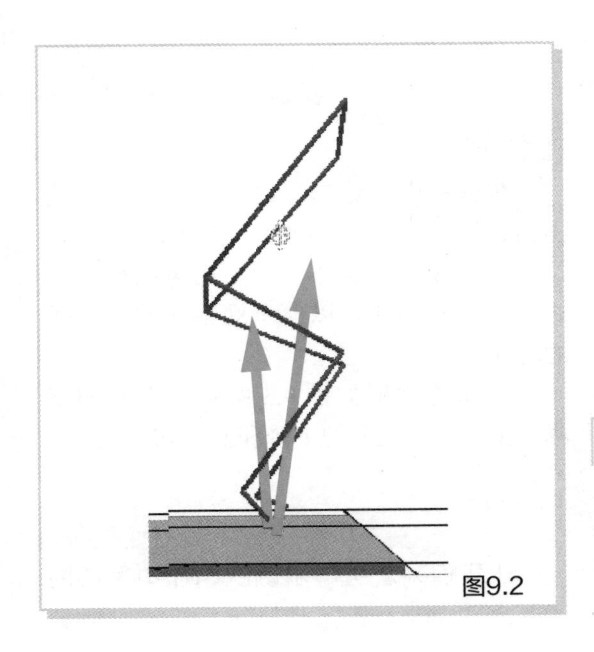
图9.2

跳跃动作的生物力学

首先，观察跳跃动作的动画（动画 9-1）。接下来画出该动作中重心高度的变化图。

动画 9-1

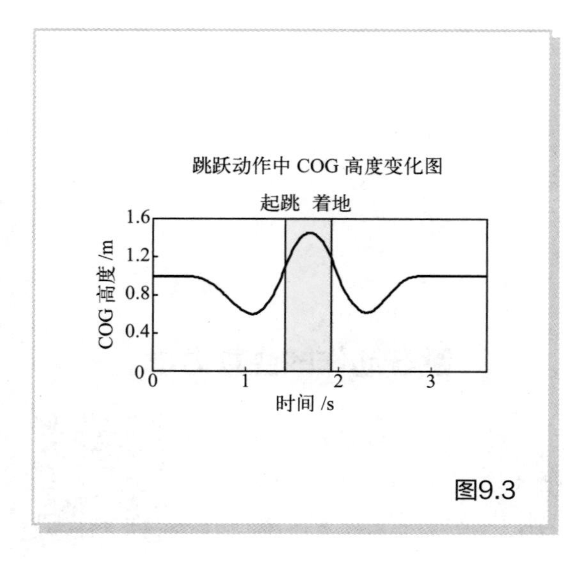

图9.3

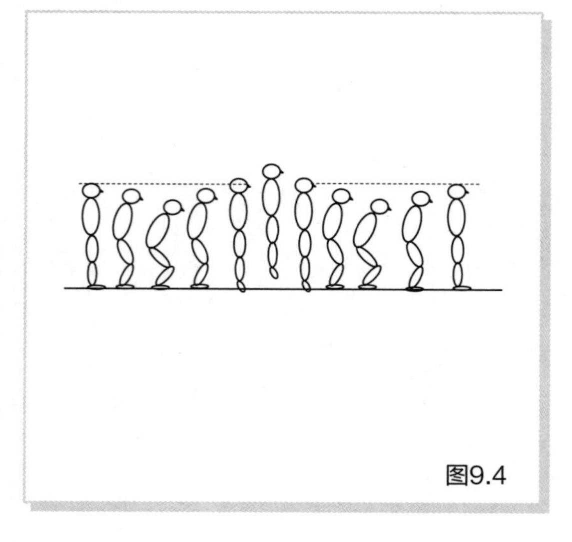

图9.4

课堂教学

在脑海中一边想象跳跃的动作，一边画出跳跃过程中重心的高度变化图。横轴是时间，纵轴是重心高度。用竖线标注起跳和落地时间点，以便于观察从地面起跳的时间段。

实际的数据如图 9.3 所示，重心的下降、上升、落地后的下降和回到初始值。

让我们来思考一下跳跃动作中重心的速度。

课堂教学

让学生一边在脑海中画出重心的高度和实际运动的图像，一边思考重心的速度。考虑重心在每个时间点上速度的方向和大小。向上运动时速度为正，向下运动时速度为负。要求所有学生站起来，用慢动作重建垂直跳跃运动，以了解速度的变化。起初，速度为零，当开始下蹲时，速度由零变为负，最终变为零。上升时速度由零变为正。起跳脚离地时有最大速度，且为正。在重心的最高点，速度变为零。然后在下落过程中，速度变为负，在着地的瞬间，速度变为最大且为负。在此之后，当 COG 到达最低位置时，负值速度再次变为零。当 COG 上升时，速度变为正，并回到零。

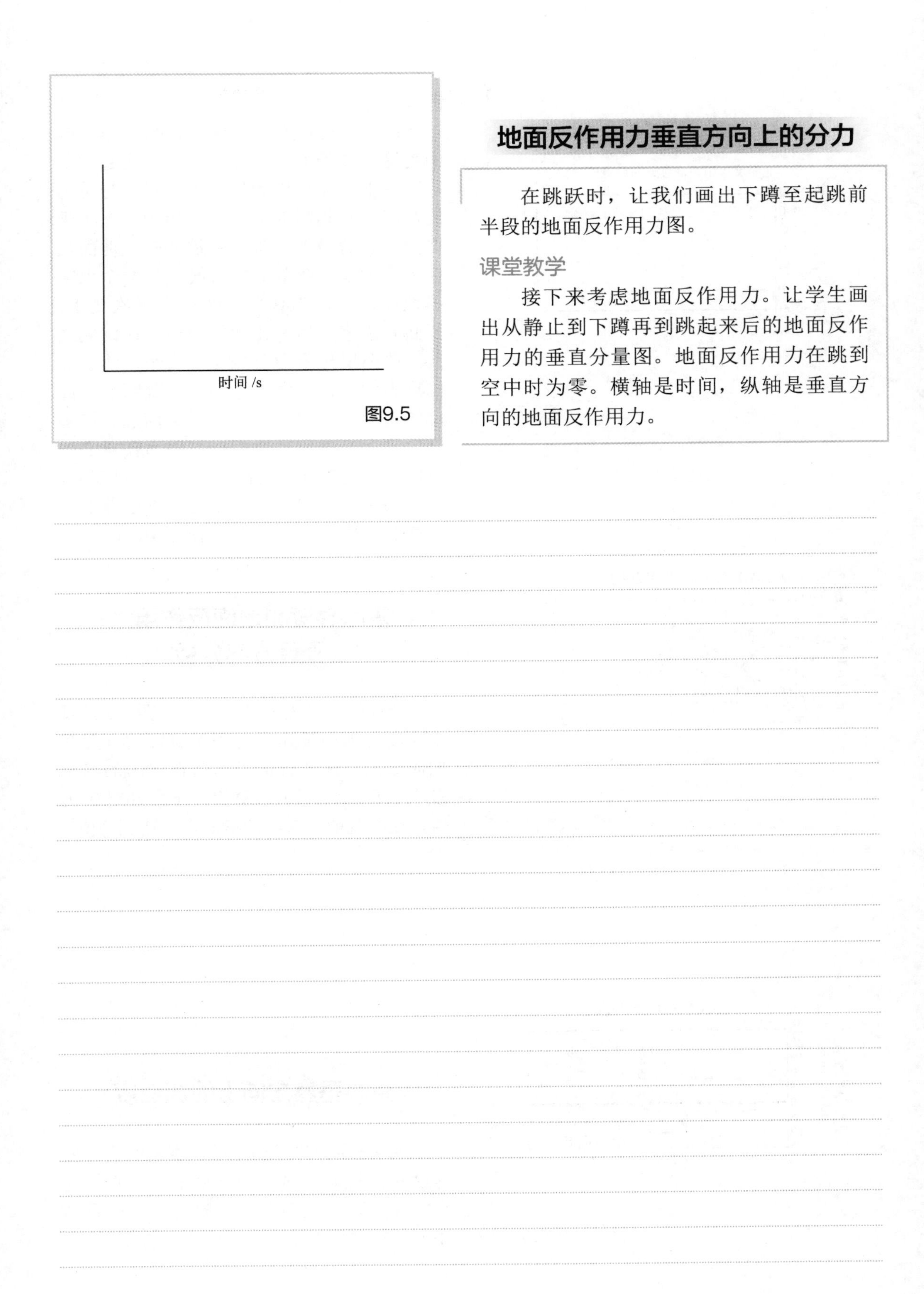

图9.5

地面反作用力垂直方向上的分力

在跳跃时，让我们画出下蹲至起跳前半段的地面反作用力图。

课堂教学

接下来考虑地面反作用力。让学生画出从静止到下蹲再到跳起来后的地面反作用力的垂直分量图。地面反作用力在跳到空中时为零。横轴是时间，纵轴是垂直方向的地面反作用力。

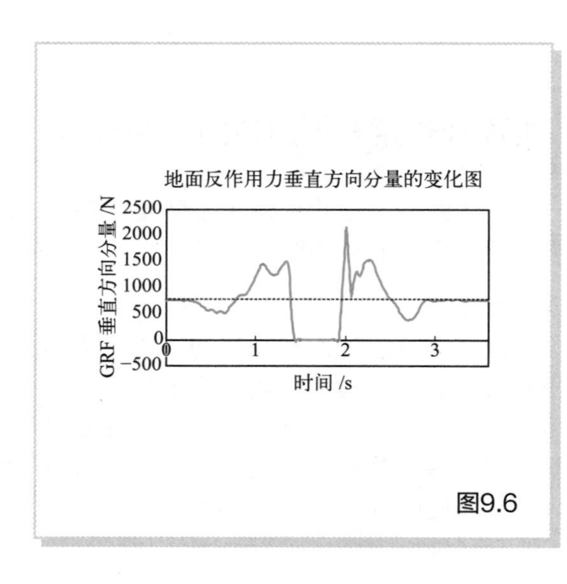

图9.6

课堂教学

在学生画完图后，展示图 9.6。学生画的是这幅图的前半部分。图中为跳起和落地阶段地面反作用力的垂直分量。与重力值在静止时相同的地面反作用力，先小于重力，然后增大。在空中跳跃时，地面反作用力为零。在落地的瞬间产生一个很大的地面反作用力作用，然后它再次变小，变回到原来的值。让学生明白，在跳起之前，地面反作用力首先比重力小，然后又比重力大。让学生思考为什么跳跃前地面反作用力先比重力小，然后又增加。许多学生错误地理解为地面反作用力在重心的最低点回到与重力值相等。让学生站起来，重复膝关节的屈、伸，体会在重心最低的位置上会有一个很大的地面反作用力。

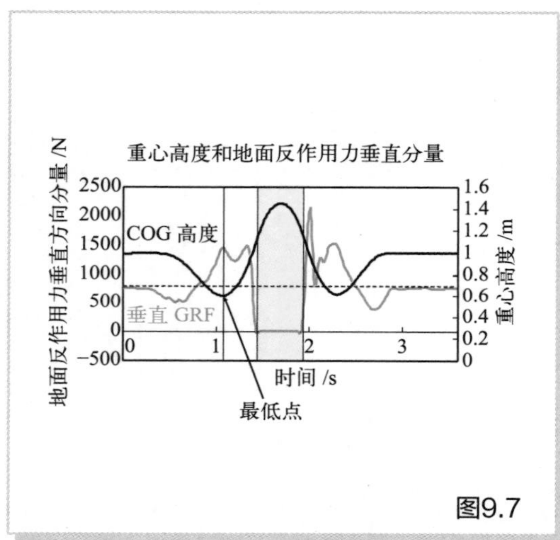

图9.7

重心高度和地面反作用力垂直方向分量

让我们用图表来验证一下。图 9.7 是重心高度与地面反作用力垂直方向的分量叠加而成的。地面反作用力值在下蹲的前半段小于重力值，在下蹲的后半段超过重力值，在起跳前、重心的最低点处达到峰值。

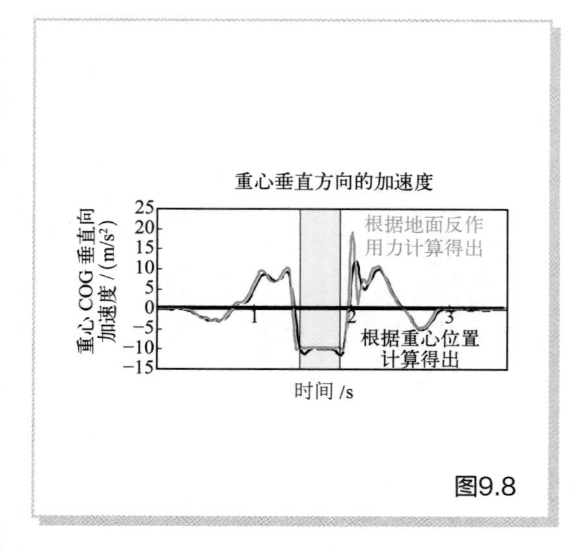

图9.8

重心垂直方向上的加速度

图 9.8 中比较了由重心计算出的重心加速度和由地面反作用力计算出的重心加速度。你可以看到两者很一致。你可以看到牛顿运动方程也适用于身体的运动。

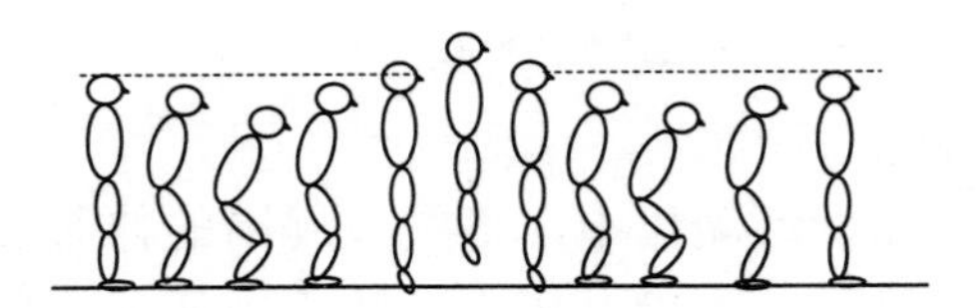

图9.9

跳跃动作中膝关节的运动和肌肉活动

接下来，让我们来思考一下在跳跃动作中膝关节的运动和肌肉的活动。

课堂教学

让学生通过模拟跳跃动作来思考膝关节运动和肌肉活动。

表 9.1 跳跃动作中膝关节的运动及肌肉活动

	下蹲	伸展	跳跃	下蹲	伸展
关节运动（屈曲/伸展）					
关节力矩（屈曲/伸展）					
收缩类型（离心收缩/向心收缩）					

请在表中填写跳跃动作中膝关节的运动及肌肉活动情况。

课堂教学

让学生填写表 9.1，记录跳跃过程中膝关节运动和肌肉活动情况。请反复播放动画中（动画 9-1）的跳跃动作，同时确认地面反作用力矢量和膝关节位置。

表 9.2　跳跃动作中膝关节的运动及肌肉活动

	下蹲	伸展	跳跃	下蹲	伸展
关节运动（屈曲/伸展）	屈曲	伸展		屈曲	伸展
关节力矩（屈曲/伸展）	伸展	伸展		伸展	伸展
收缩类型（离心收缩/向心收缩）	离心收缩	向心收缩		离心收缩	向心收缩

跳跃动作中膝关节的运动和肌肉活动

表 9.2 中是正确答案。

课堂教学

在跳跃动作中，膝关节周围的伸肌总是活跃的。下蹲开始时，膝关节屈曲，伸膝肌对下蹲动作起到减速作用。与此同时，重力引起 COG 下降。不久之后，伸膝肌向心收缩开始，膝关节伸展，COG 上升。向上的速度增加，身体离开地面。落地时，膝关节伸肌进行离心收缩以吸收冲击，膝关节屈曲。之后，向心收缩开始，膝关节伸展回到站立的姿势。

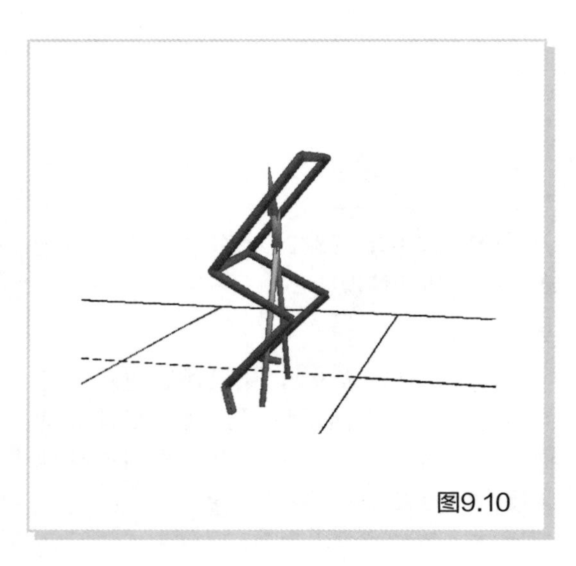

图9.10

课堂教学

在观看动画 9-2 的同时，展示起跳前躯干前倾。让学生们思考躯干前倾的意义。让学生们思考一下躯干不前倾的跳跃和躯干前倾的跳跃之间的区别。如果你不前倾躯干，你会注意到你没有使用髋部伸展力矩。

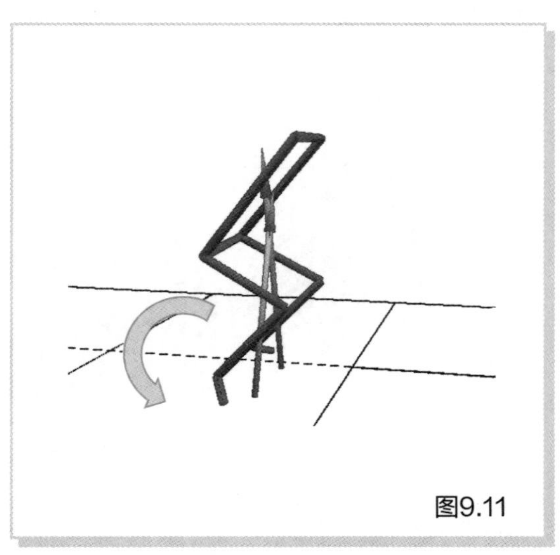

图9.11

课堂教学

接下来，让我们来说明一下跖屈肌在跳跃中的活动。跖屈肌在身体离开地面之前开始工作。如果跖屈肌从早期就开始活动，身体就会向后移动而不是向上移动。请让学生们体验一下。

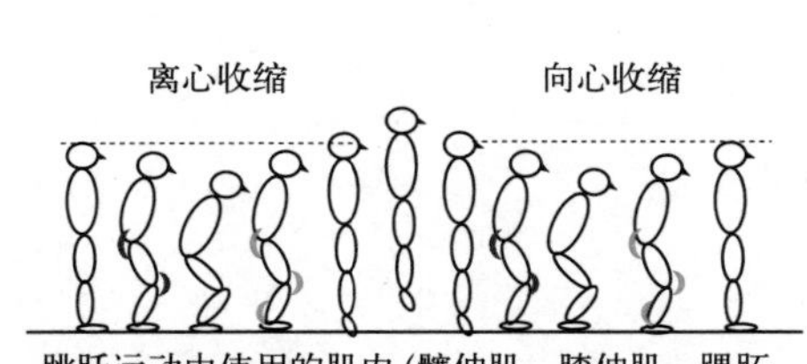

图9.12

小结

综上所述，三个关节都主要是伸肌在活动。最初，在下蹲时，三个关节以离心收缩的方式运动；向心收缩发生在伸展运动阶段，落地后的下蹲过程中进行离心收缩，在最后的伸展阶段进行向心收缩。

总的来说，肌肉产生的所有正功率都被肌肉吸收了(负功率)，这是一种有趣的现象。由于负功率，肌肉可以将身体受到的冲击最小化。如果肌肉不能吸收冲击，骨骼、韧带和器官就会吸收冲击，这会造成严重的损害。

最后，让我们用一段动画（动画9-2）再次观察跳跃动作，同时考虑运动过程中肌肉的作用。

动画 9-2

第10章

从椅子上起立的生物力学

本章学习目标：

1. 说明从椅子上起立时重心的移动；
2. 说明躯干前倾的意义；
3. 说明从椅子上起立时支撑面和地面反作用力作用点的变化；
4. 说明从椅子上起立时地面反作用力的变化；
5. 说明从椅子上起立时肌肉的活动。

在日常活动中，我们经常会坐到椅子上或从椅子上站起来。如果你学习生物力学，你就可以观察到这个动作的要求有多高。理解了这些后，让我们想想如何利用生物力学轻松地站起来。

从椅子上站起来的重心的移动

让四名学生到讲台上，让他们从椅子上起立。

课堂教学

让四名学生做从椅子上起立的动作。身体的哪个部分先移动？头部先移动。另一种观点是，与其说是头，不如说是躯干比头部先移动。根据运动分析，躯干首先前倾了。当你起立时，为什么躯干会先前倾？

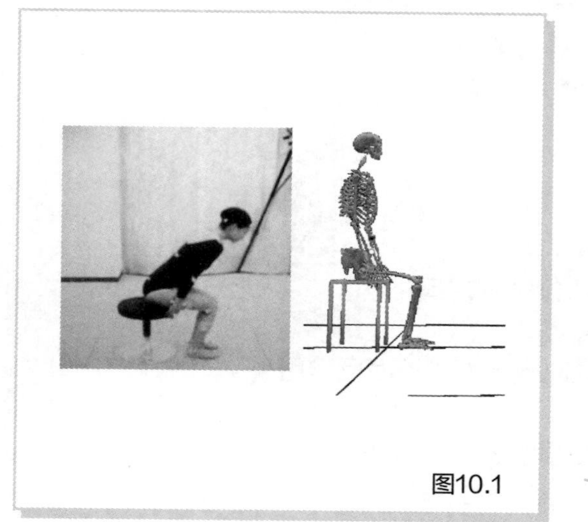

图10.1

让我们观察幻灯片上的动画 10-1，从力学的角度来思考这个问题。屏幕的左半边是视频，右半部分是计算机重建动画（CG）。计算机动画中的红点代表计算出来的重心（COG）。在坐着的时候，COG 不在骨盆中央，而是在肚脐附近。坐着的时候靠近肚脐的 COG，在站立时将位于你的骨盆中央。

动画 10-1

这样，COG 并不总是处于身体的固定位置。COG 的位置是由整个身体的重量分布决定的。如果姿势改变，COG 的位置也会改变。

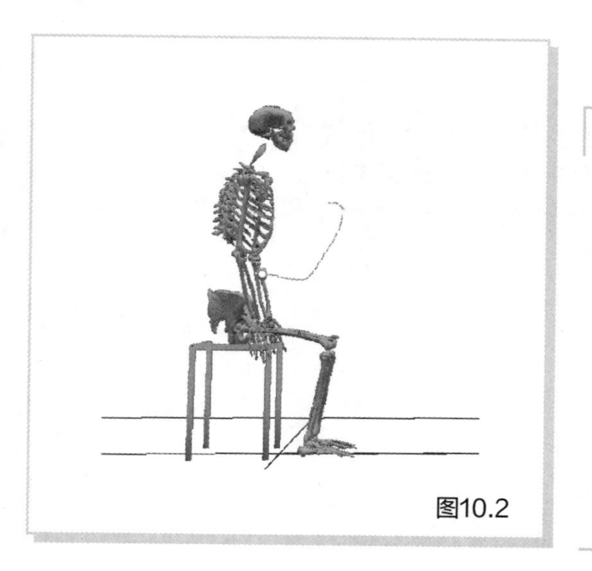

图10.2

为了便于理解重心 COG 的移动，动画 10-2 所示为 COG 的运动轨迹。轨迹是物体移动后留下的痕迹，就像飞机云一样。如果你画出 COG 的轨迹（图 10.2），你可以看到 COG 并没有立即向上移动，而是最先向前移动，并且在向前移动的时候非但没有向上移动，反而向下移动。然后，COG 在移动过程中改变方向，转为向斜上方移动。

动画 10-2

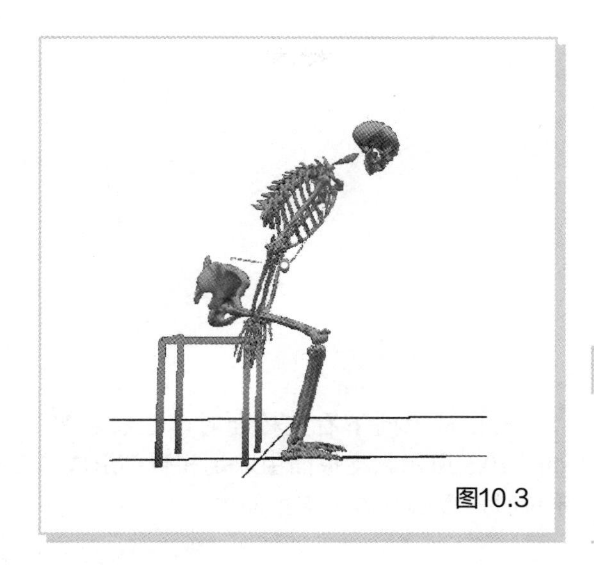
图10.3

当 COG 的移动方向改变时，让我们暂停动画 10-3。此时你观察到了什么？ 此时，臀部正离开座位。为什么？

动画 10-3

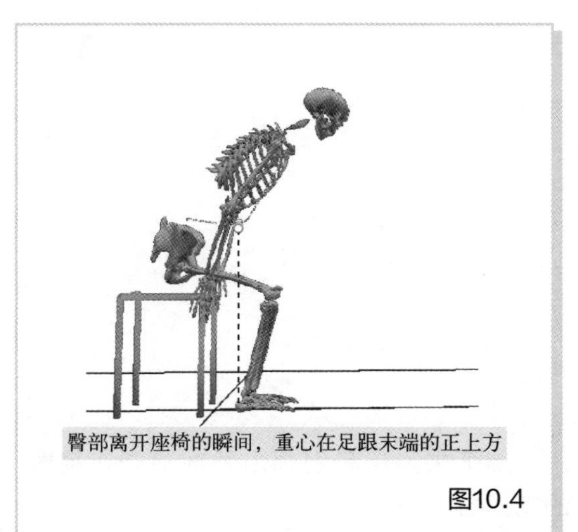

图10.4

为了思考这个问题，让我们从重心画一条铅垂线。这条铅垂线经过哪里？重心的铅垂线正好经过足跟后侧。也就是说，当躯干前倾，COG 到达足跟后缘的正上方时，臀部离开座位。

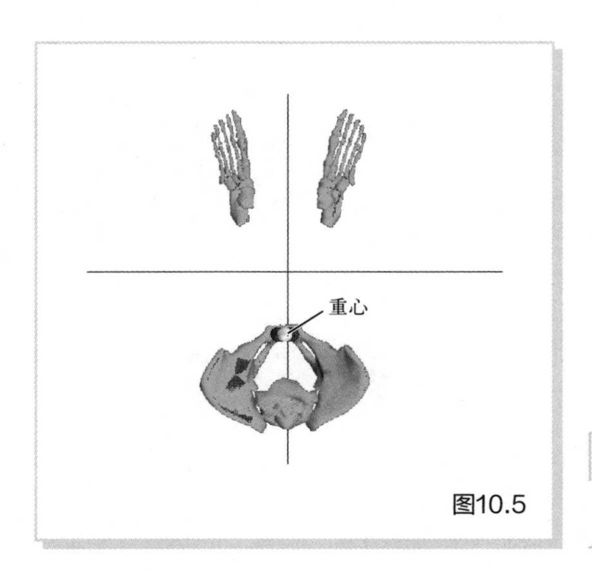

图10.5

支撑面的变化

让我们从上往下看，画出坐位时的支撑面。

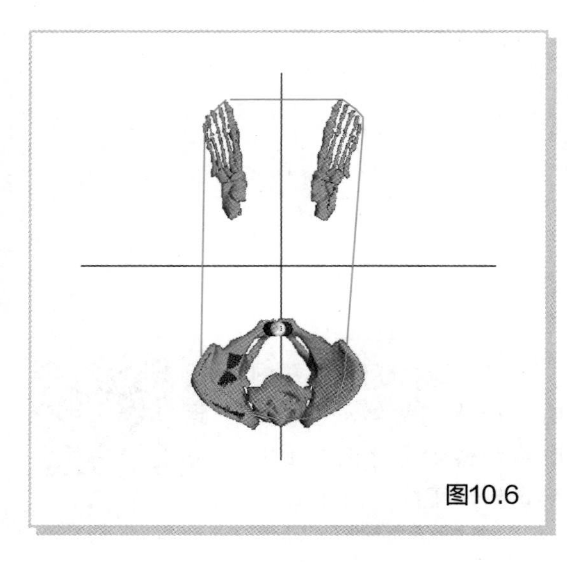

图10.6

当你从上向下看支撑面时，它看起来如图 10.6 所示。支撑面由双足和臀部组成。坐位时，重心在这个支撑面内。

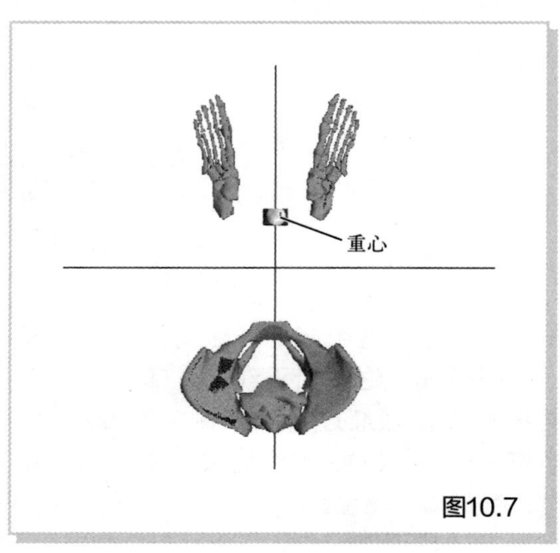

图10.7

接下来，让我们画出臀部离开座椅时的支撑面。

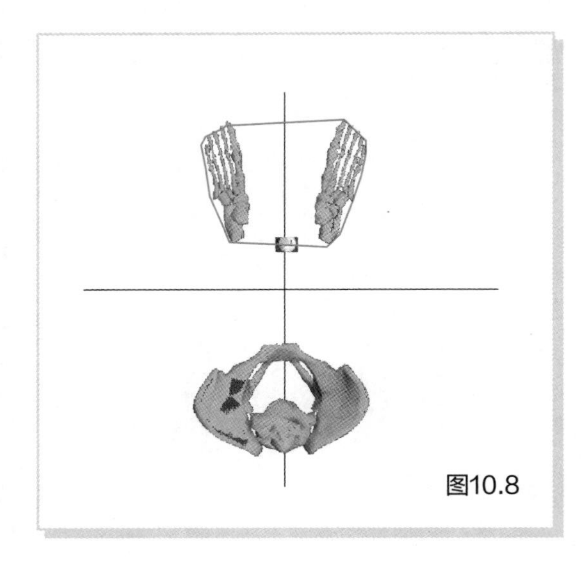
图10.8

臀部离开座椅后，支撑面只是一个由双足组成的狭窄区域。如果在重心进入支撑面前，臀部离开座位，身体就会向后倒。因此，我们将躯干前倾，使重心落在由双足组成的支撑面内。

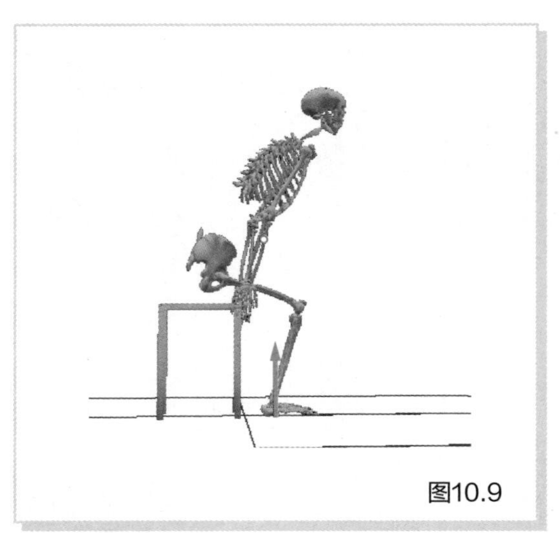
图10.9

躯干前倾的意义

意识到这一点后，让我们再看一下起立时的动画10-4。当臀部离开座位时，重心需要在足底的支撑面内。当你预先把足置于靠近臀部的地方时，起立时你就不需要倾斜躯干那么多。相反，当你把足向前伸得越远，臀部离开座位时，躯干就必须越向前倾。

动画 10-4

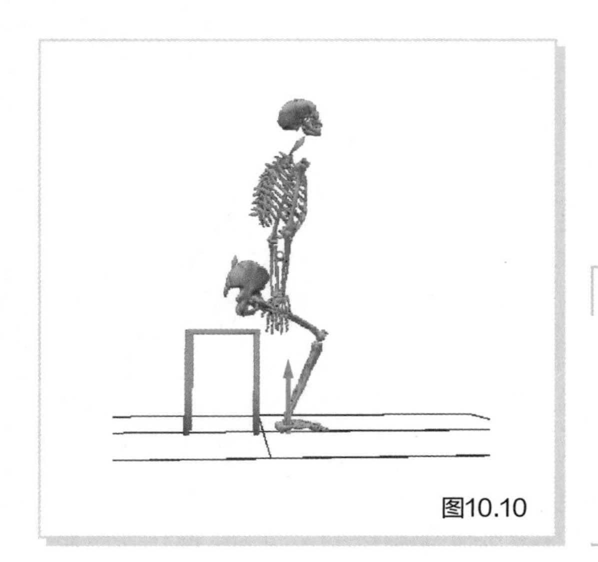
图10.10

接下来，让我们观察一下尽量直立躯干时的起立动作（动画10-5）。典型的起立动作和躯干直立时的起立动作有什么不同？当躯干直立起立时，膝关节负荷会增加。为什么会这样？

动画 10-5

起立中的肌肉活动

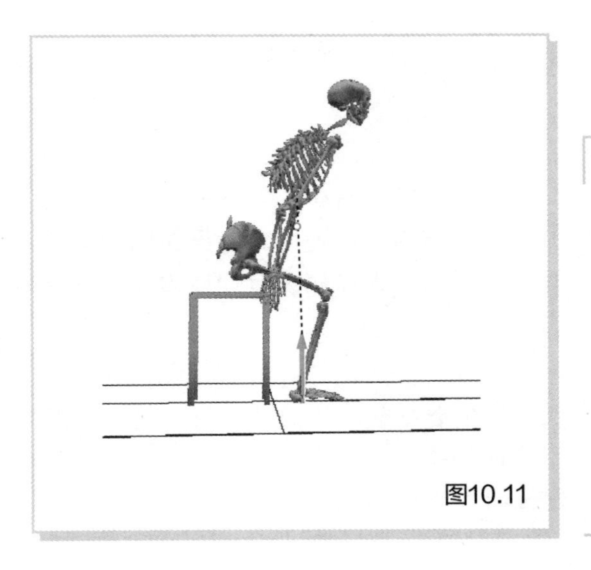
图10.11

为了思考这个问题，再看一遍正常的起立动作的动画 10-4。在臀部离开座位时暂停动画。此时，膝关节的负荷变得最大。

地面反作用力经过哪里？注意地面反作用力与膝关节之间的位置关系。在这里，黑色的线表示地面反作用力的作用线。同时，要密切注意黑色的线与膝关节之间的位置关系。地面反作用力矢量离膝关节有多远？

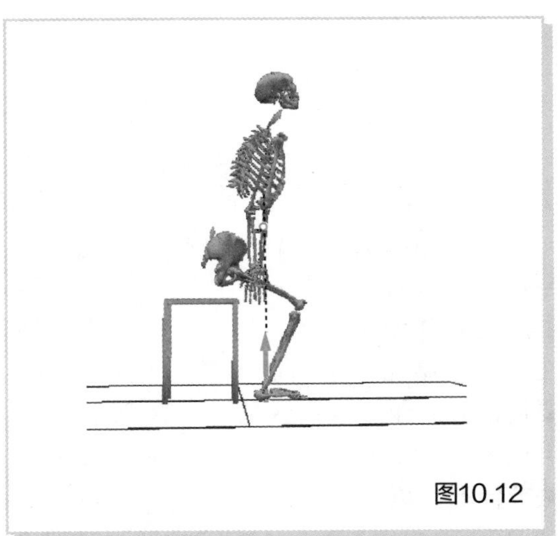
图10.12

接下来，我们来看一下当躯干直立时的情况（动画 10-5）。臀部离开座位时，暂停动画，地面反作用力的作用线离膝关节有多远？与刚才的情况相比，你可以看到地面反作用力矢量穿过膝关节更靠后一点的位置。根据第 7 章关于关节力矩的学习，当地面反作用力远离关节时，该关节的关节力矩变大。换句话说，当躯干直立时，重心保持在膝关节后侧。那么，地面反作用力也位于膝关节后侧，因此地面反作用力的作用线通过膝关节后方。如果躯干不这样向前倾斜，则需要更大的膝关节伸展力矩。

此外，当躯干直立时，是否有一些关节负荷减轻？请自己思考。另外，请大家实际体验一下。

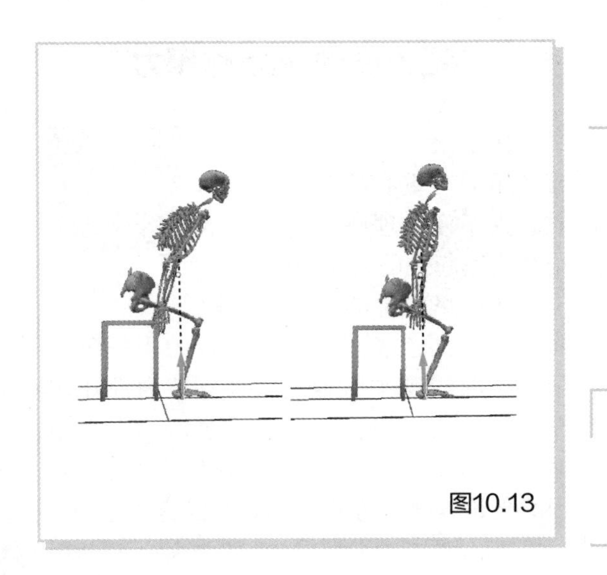
图10.13

原来如果躯干不前倾，膝关节的负荷就会增加。你注意到此刻并没有用到髋关节了吗？

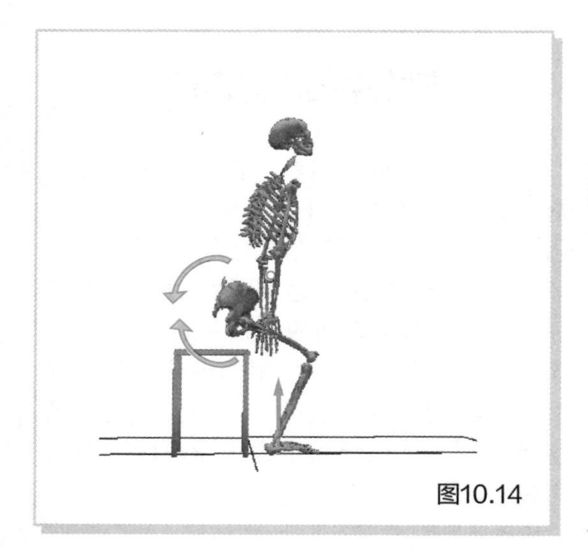
图10.14

也就是说，如果躯干不前倾，髋关节的伸展力矩将难以使用。如果在躯干不前倾的情况下，施加髋关节伸展力矩，会发生什么？

课堂教学

从坐姿站起，让髋伸肌群发力，同时不要前倾躯干，并体验发生了什么。请让学生回答。躯干将向后转动。

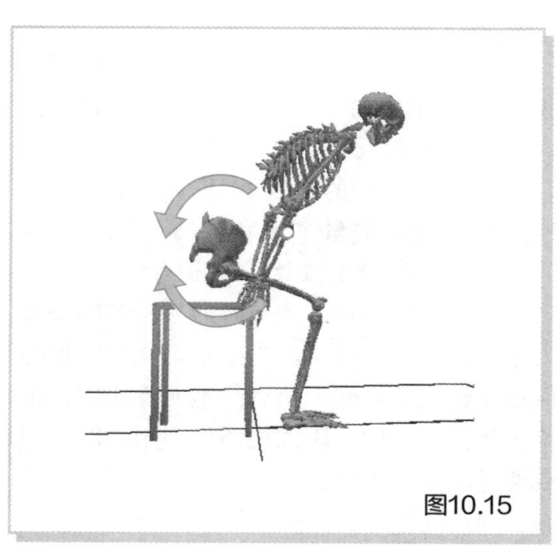
图10.15

当施加髋关节伸展力矩时，大腿会向后伸展，同时由于其反作用会导致向后倾斜的力矩作用于躯干。因此，为了安全地在躯干上施加一个向后倾斜的力矩，有必要提前倾斜躯干。也就是说，躯干前倾时，可以利用髋关节伸展力矩，相应地减少膝关节伸展力矩。

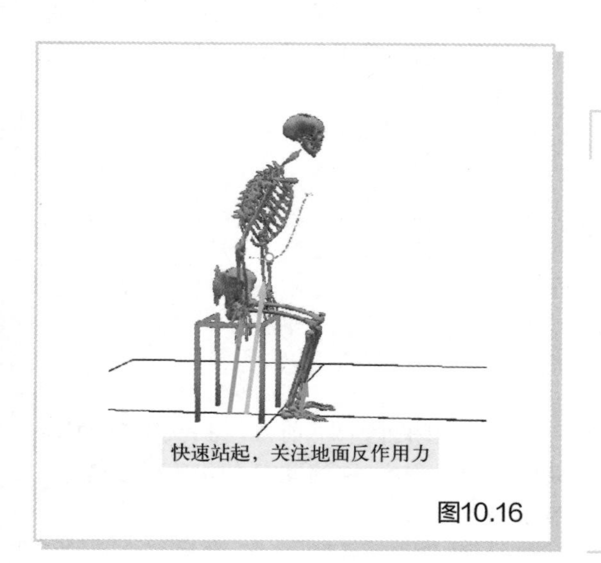

图10.16

起立中的地面反作用力

接下来，让我们关注地面反作用力与重心移动之间的关系。为了便于理解，这里展示一个快速起立的动画 10-6。

动画 10-6

在这里，臀部和足部的地面反力用红色表示。它们的合力用粉色表示。臀部的反作用力是来自座椅表面作用在臀部的力，但在这里它被显示为来自地面的力。力的矢量可以沿着作用线移动，因此无论以哪种方式表示它都没有关系。

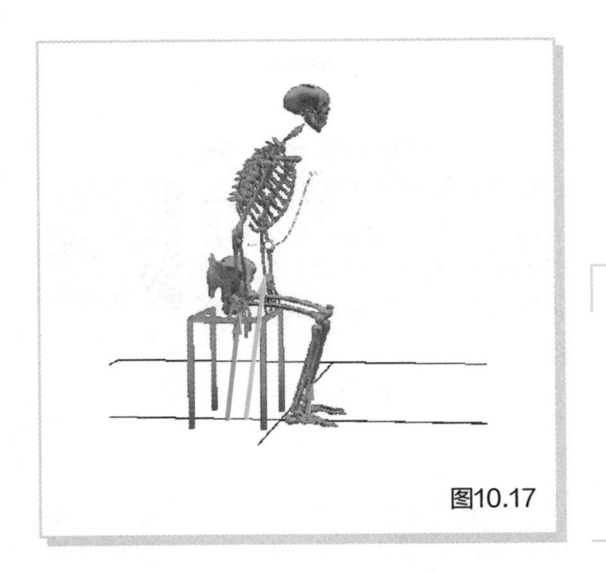

图10.17

首先，让我们把注意力放在起立动作的开始。你注意到开始移动时发生了什么吗？你可以看到地面反作用力合力的作用点 COP 稍微向后移动到重心后面。地面反作用力向前倾斜，推动重心向前移动。它看起来像是从后面推动 COG 向前移动。

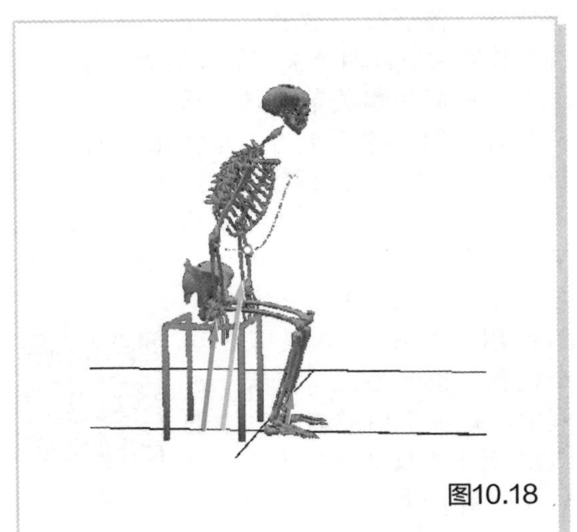

图10.18

为了能很好地观察该动作，重复播放动画 10-7 中动作开始的部分。此时，为什么 COP 在后移？

动画 10-7

髋屈肌活动使躯干略微前倾。躯干只要前倾时，重力的力矩就会马上作用在躯干上，如果你身体略微前倾一点，之后你什么都不用做身体也会前倾。

当髋屈肌首先被激活时，大腿会产生向上抬起的力。但大腿并没有真的向上移动。但这个力矩施加在抬高大腿的方向上，从而减少了足部的负荷。因此，施加于座位表面的负荷增加，施加于臀部的力占据优势。根据足部和臀部的力的分布，COP 将向臀部区域移动。这就是为什么 COP 会后移。

COP 就像支撑全身的杠杆的支点。当它在重心正下方向后移动时，由于没有支撑，就会出现重力力矩。重心开始以 COP 为支点向前转动。这种转动反映在地面反作用力中，使得地面反作用力向前倾斜。

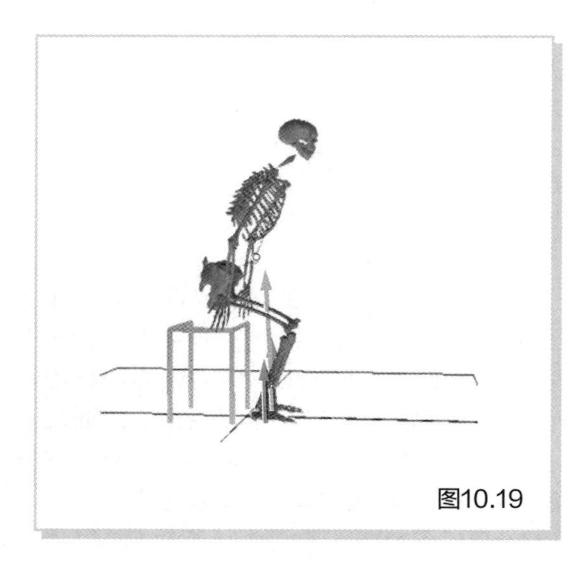

图10.19

然后，COP向前移动，刚好超过重心的正下方，进入足底的支撑面。之后，地面反作用力向后倾斜，使重心移动的速度减慢，并使重心上移（动画10-8）。

动画 10-8

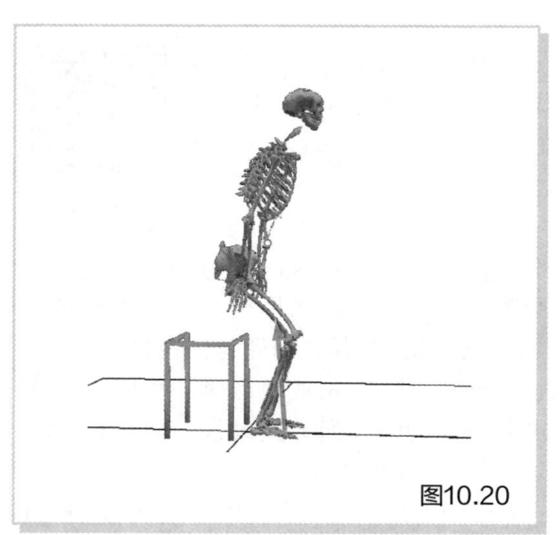

图10.20

当重心上移时，膝关节伸展力矩和髋关节伸展力矩达到最大值，膝关节和髋关节伸展。伸展时，地面反作用力越靠近膝关节和髋关节，两个关节的伸展力矩越小。

膝关节和髋关节协调一致，使重心保持在狭窄的支撑面上方。重心平稳而不弯折地上移，从而完成直立姿势。

当重心上移时，地面反作用力矢量几乎是垂直于地面的，COP保持在踝关节前方。正是由于踝关节跖屈力矩的作用，才使COP保持在这个位置。也就是说，在起立过程中，踝关节通过将上升中的COG置于支撑面之上来稳定身体（动画10-9）。

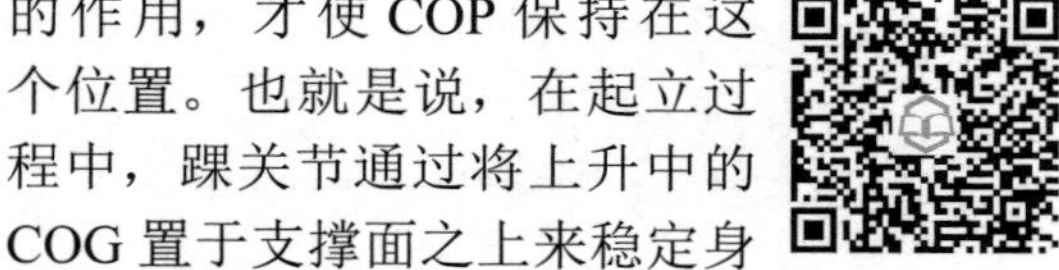

动画 10-9

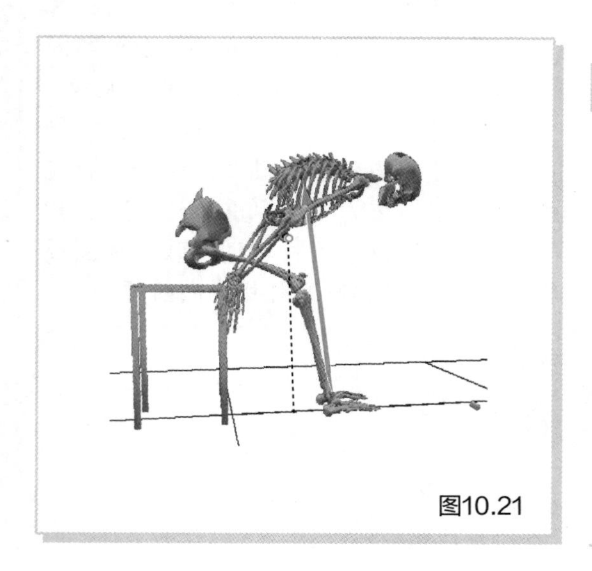

图10.21

如果你用力迅速起立，在重心进入足部的支撑面之前，你也可以将臀部抬起并离开座位。在抬起臀部时，虽然重心会被重力的力矩拉回，但因为有冲力，它仍可以进入支撑面内。然而，当你慢慢起立时，情况就不是这样了。如果你不把重心放在足部的支撑面内，你就会向后摔倒。因此，为了缓慢而安全地起立，身体前倾是必要的。这种倾斜增加了髋关节的负荷（动画10-10）。

动画 10-10

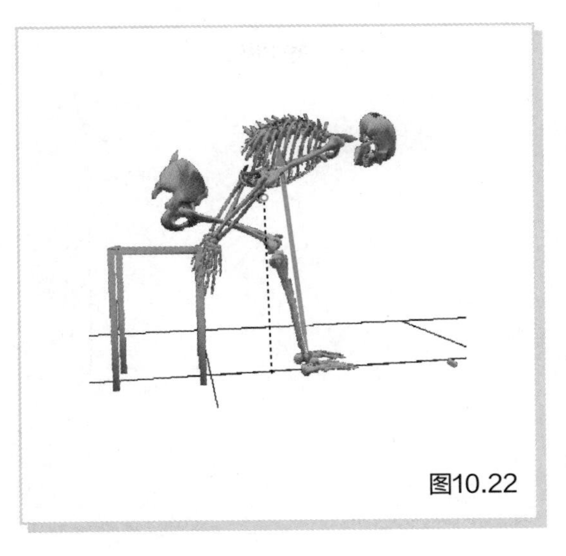

图10.22

让我们再来考虑一下足向前伸出站起来时的情况。当臀部离开座椅时，踝关节背屈肌正在工作，COP位于足跟的后侧边缘（支撑面的边界）。在此处，地面反作用力向后倾斜，减缓向前的动力，转化为向上的运动。这是一个极端的例子，但即使是正常的起立，如果你有意识地通过激活你的背屈肌让COP靠近足跟，你站起来得也会更容易。

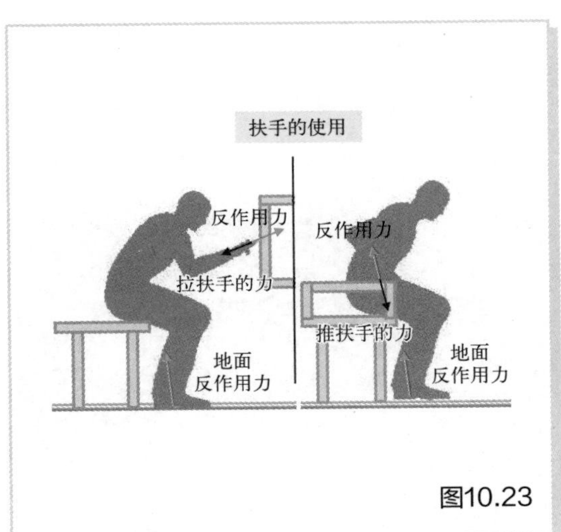

图10.23

有两种方法可以减轻站立时下肢的负荷。第一种方法是使地面反作用力矢量更接近负荷大的关节。另一种方法是用扶手减小施加在下肢上的地面反作用力。如图10.23中左图所示，拉动扶手时，来自扶手的拉力有助于躯干前移。如图10.23右图所示，当推动扶手时，来自扶手向上的力减小了作用在下肢的地面反作用力。这里重要的是关注扶手对人产生的反作用力，而不是人拉动或推动扶手的力。

第11章 步行开始时的生物力学

本章学习目标：

1. 说明站立时 COG 与 COP 之间的关系；
2. 说明步行开始时 COP 在矢状面与冠状面的移动；
3. 说明 COG 与 COP 移动之间的关系；
4. 说明 COP 移动与关节力矩之间的关系；
5. 说明 COG 前进的驱动力。

让我们从力学的角度分析一下人类行走的状态，你会对 COP 的运动感到惊讶。

站立时的重心（COG）与地面反作用力作用点（COP）

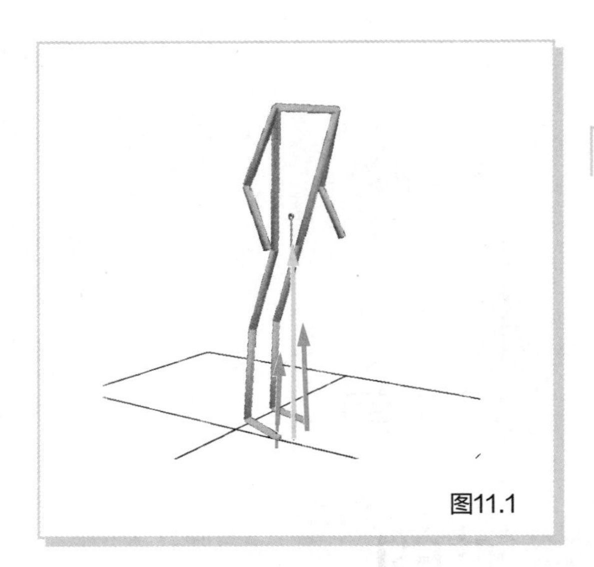

图11.1

课堂教学

在本章中，通过展示计算机重建动画来为学生讲解。

首先观察直立时的动画 11-1。右足下面的红色箭头是右足的地面反作用力，另一箭头是左足的地面反作用力，粉色箭头是左右足地面反作用力的合力。COP 是每个地面反作用力的作用点。可以看到左右两边的 COP 和合成的 COP 排列在一条直线上，如果右边的负荷大，COP 会向右移动，如果左边的负荷大，COP 就会向左移动。如果左右相等，COP 会在两足中间。

在计算机重建动画 11-1 中，为了便于观察 COP 的移动，故意将重心（COG）前后大幅度晃动。可以看到合成 COP 在足趾和踝关节的正下方之间移动。

动画 11-1

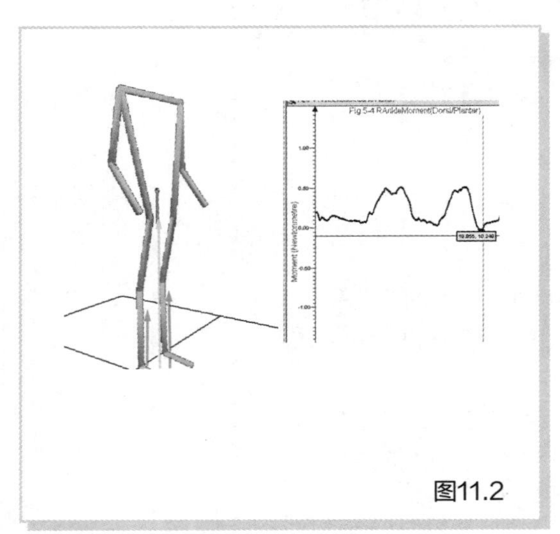

图11.2

试着计算 COP 移动过程中踝关节的关节力矩。在图 11.2 中，跖屈力矩为正，背屈力矩为负。比较一下 COP 的移动和踝关节力矩的变化，可以看出，当 COP 在足趾附近时，跖屈力矩较大，而当它接近踝关节时，跖屈力矩较小（动画 11-2）。

动画 11-2

步行开始过程中COP的移动

图11.3

先记下来这些背景知识，让我们来观察一下行走过程的计算机重建动画 11-3。如果你观察重心的移动，你可以看到它正在平稳地向前移动。在启动步态之前，请注意左右足合成的 COP 的移动。可以注意到，COP 一直在后移。此外，如果你仔细观察，可以发现 COP 在向左后侧移动。左足是最先摆动的足，负荷向摆动的足移动。为什么会发生这种情况？

动画 11-3

为了弄清楚这个问题，让我们分别考虑前后方向和左右方向。

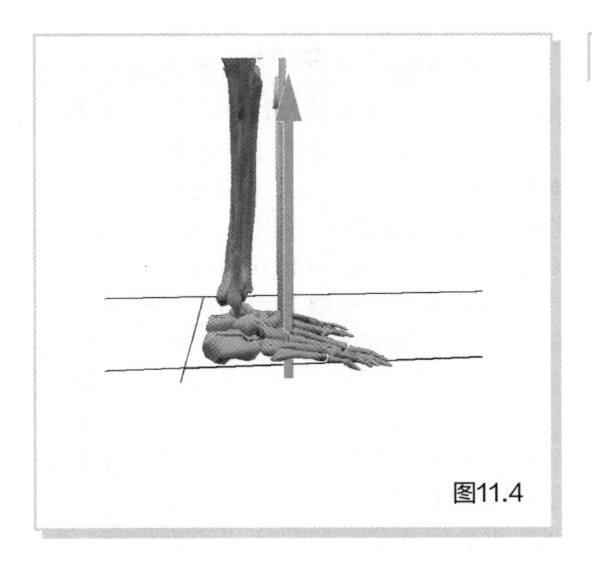

图11.4

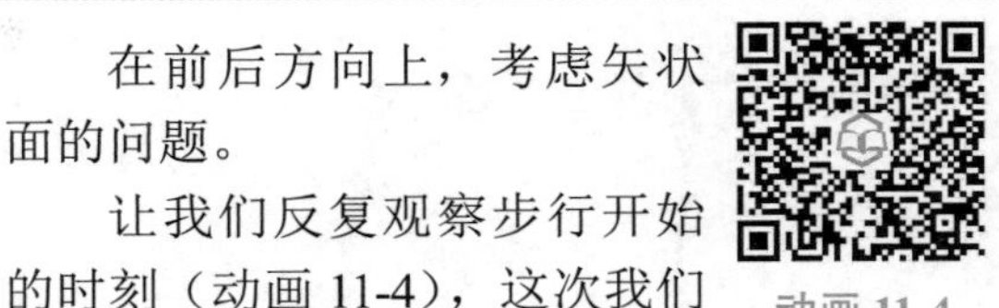

在前后方向上，考虑矢状面的问题。

动画 11-4

让我们反复观察步行开始的时刻（动画 11-4），这次我们将关注作为支撑腿的右足的地面反作用力，而不是左右足反作用力的合力。事实上，COP 首先会后移。COP 后移也意味着 COP 要更靠近踝关节。回想一下直立时的 COP 和踝关节跖屈力矩之间的关系，这时可以注意到，踝关节跖屈力矩较小。

当踝关节跖屈力矩变小时，COP 就会从重心正下方移到更后方。重力总是作用在重心上，当 COP 不在 COG 的正下方时，就会出现重力力矩。失去支撑的重心将向前倾倒，相应地，地面反作用力也会向前倾斜。当地面反作用力倾斜时，会出现一个前后方向的水平分量，这与重心前后方向上的加速度相对应。也就是说，为了加速重心的前移，COP 向后移动。请记住，同样的现象也出现在从椅子上起立的时候（第 10 章）。

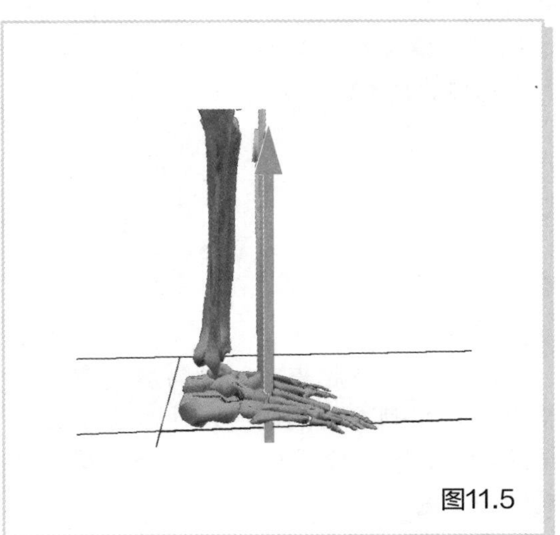

图11.5

课堂教学

让学生们站起来并体会在向前迈步之前，COP 会向后移。如果他们移动得快一些，可能会更容易理解。

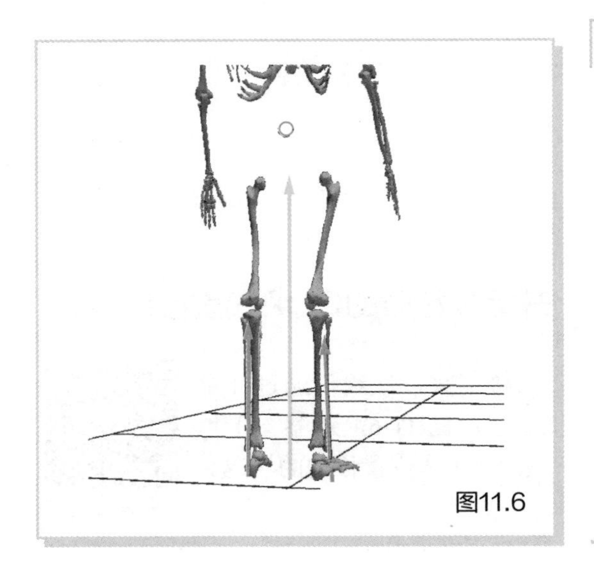

图11.6

现在，让我们从后面观察冠状面的运动。重复播放步行开始时的计算机重建动画 11-5。左足首先开始摆动，但 COP 已经移动到摆动足的左侧。由于支撑点已向左移动，重心将在重力力矩的作用下向右倾倒并向右移动。地面反作用力也将相应地向右倾斜。这种情况与矢状面的情况是一样的。这种情况是怎么发生的呢？请注意左侧髋关节，你是否注意到它有一点外展？同样，注意右侧髋关节，你能注意到它有一点内收吗？

动画 11-5

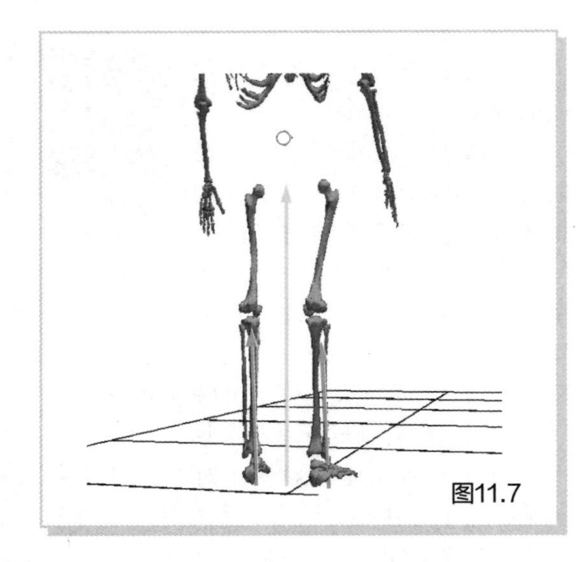
图11.7

当左侧髋关节的外展肌被激活时，大腿就会外展。由于其反作用，躯干会受到向左侧屈的力矩。虽然它不会导致（躯干）侧屈，但这个作用减少了右足的负荷。注意此时右足的地面反作用力，你可以看到，右足的地面反作用力有一瞬间是减小的。

如果增强右侧髋关节的内收肌（或减弱外展肌）的活动，大腿就会内收。从后面看，由于其反作用，躯干会受到向左侧屈的力矩。这个反作用力矩虽然没有达到使躯干侧屈的程度，但增加了左足的负荷。注意左足的地面反作用力，它有一瞬间是增加的。

随着这两个地面反作用力的变化，在步行开始的一瞬间，摆动（左）足的负荷增加，支撑（右）足的负荷减少。这将导致左右侧合成 COP 在这一瞬间向左移动。

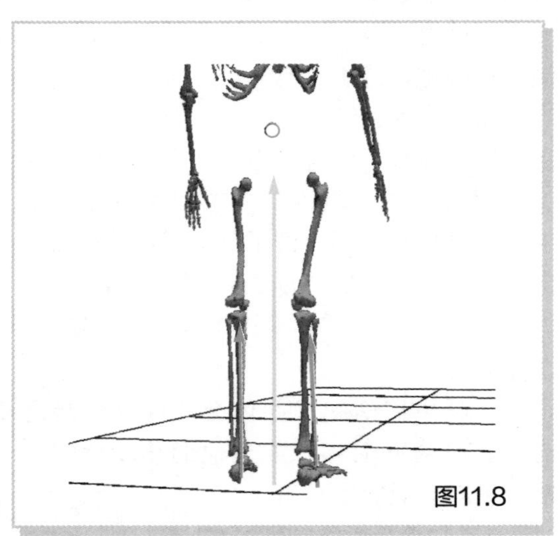
图11.8

课堂教学

请让学生站起来，双脚与肩同宽。在将重心转移到右足的同时，让学生用右腿单腿站立。确保要感觉到 COP 暂时移动到对侧的左侧下肢。

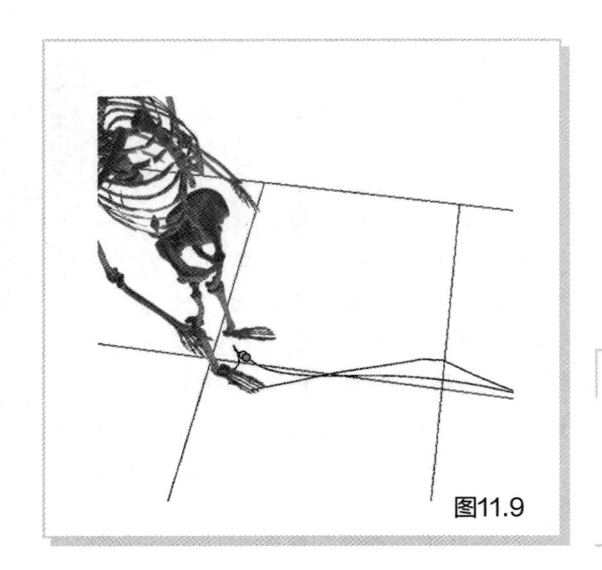
图11.9

开始步行时的COP和重心的运动

接下来，让我们通过计算机重建动画 11-6，观察一下重心根据 COP 位置移动的情况。

动画 11-6

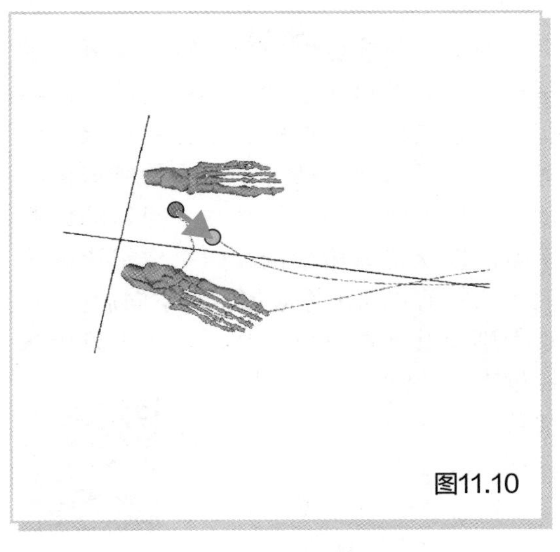
图11.10

在步行一开始时，我们希望将重心移动到支撑腿（右下肢）并向前移。然后，COP 移动到摆动腿（左下肢）一侧。这就导致了 COP 的位置（灰色的点）和重心投影在地面上的位置（粉红色的点）有偏差。此时，假设一个与位置差对应的力（红色箭头）从 COP 向重心方向作用。这样，就会在力的方向上产生一个加速度。

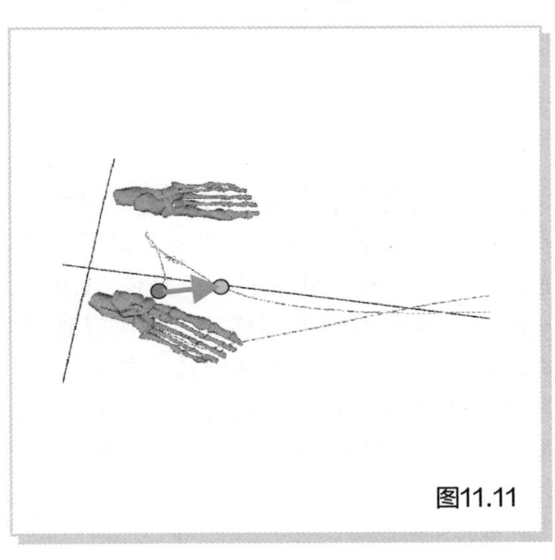
图11.11

让我们把时间向前推进一点，此时，一个力从 COP 作用到重心（这是一个想象的力，这个红色箭头不会成为一个如图 11.11 中所绘制的力）并加速重心。在这种情况下，由于重心已经向右和向前移动，这个力从侧面斜向作用，从而重心移动的方向被改变。

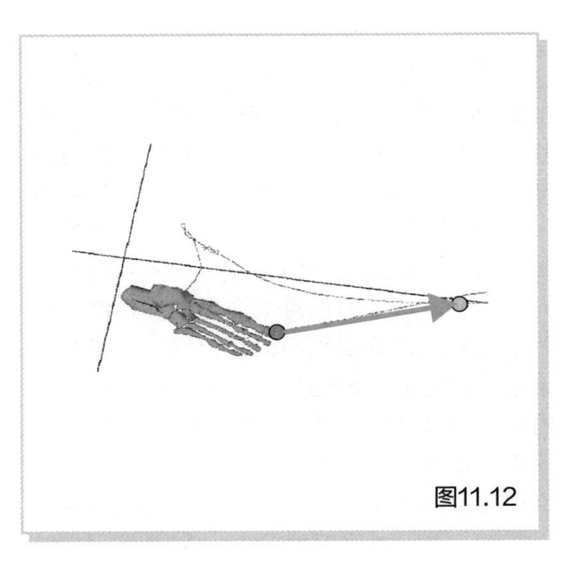
图11.12

这是步行开始的时期，此时，重心从后面被有力推出，因此重心以一个很大的加速度向前加速。这类似于低压和高压改变了台风的方向，给人一种 COP 调整了重心移动的方向和速度的印象。

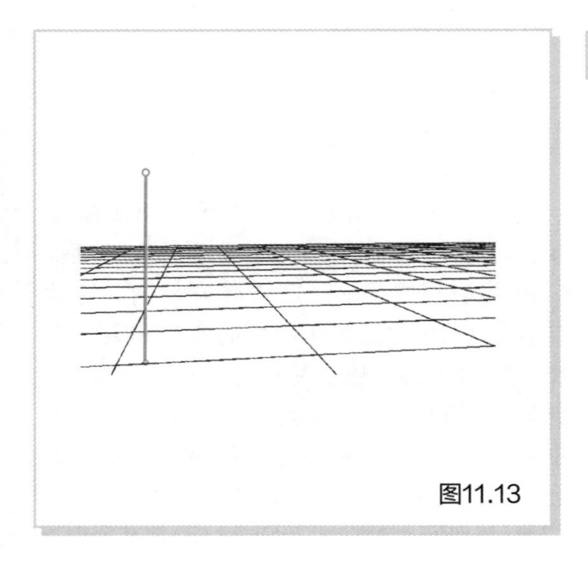

图11.13

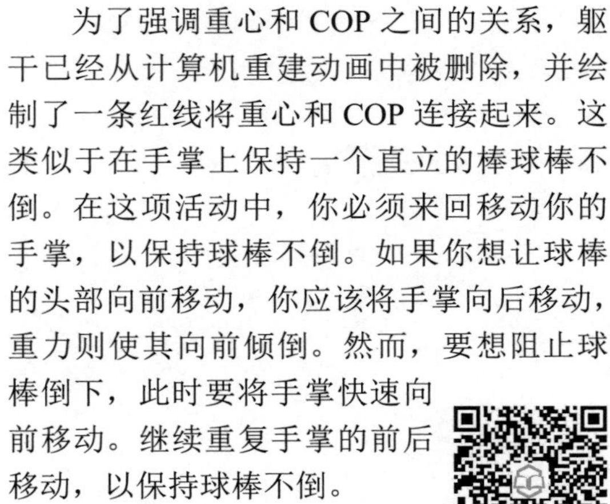

为了强调重心和COP之间的关系，躯干已经从计算机重建动画中被删除，并绘制了一条红线将重心和COP连接起来。这类似于在手掌上保持一个直立的棒球棒不倒。在这项活动中，你必须来回移动你的手掌，以保持球棒不倒。如果你想让球棒的头部向前移动，你应该将手掌向后移动，重力则使其向前倾倒。然而，要想阻止球棒倒下，此时要将手掌快速向前移动。继续重复手掌的前后移动，以保持球棒不倒。

请准备一个球棒，试着用手掌支撑它来回移动。

动画 11-7

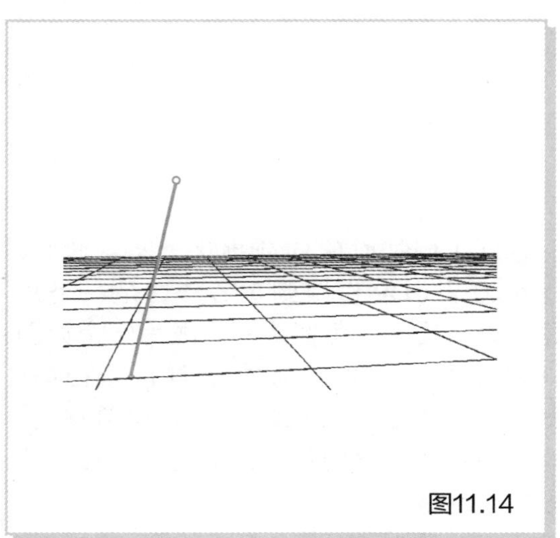

图11.14

再次强调一下，可以通过放松踝关节跖屈肌使COP向后移动，或者可以通过改变髋关节的内收和外展肌力矩来使COP横向移动。重心不能直接移动，但可以通过肌肉活动来移动COP，通过改变地面反作用力的方向给重心赋予加速度。关键是地面反作用力是根据人的意愿而改变的。

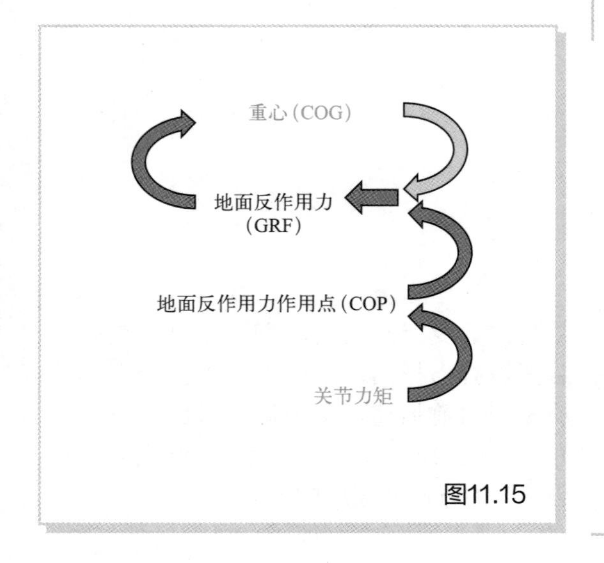

图11.15

小结

重心（COG）、地面反作用力（GRF）、地面反作用力作用点（COP）以及关节力矩（Joint Moment）之间的关系可以总结为图11.15。关节力矩改变了地面反作用力作用点（COP）的位置。由于COP和重心的位置不同，出现了地面反作用力前后方向和内外方向的分量。这个力使重心产生了加速度，这时重心移动以确定重心的新位置。当重心的位置被确定后，地面反作用力的前后方向和内外方向分量由该重心位置和COP位置之间的差异决定；重心被进一步加速。通过这种连锁反应，可以根据需要控制重心的移动。

第12章

步行的生物力学1 重心（COG）和地面反作用力作用点（COP）

本章学习目标：

1. 说明步行过程中重心和COP之间的关系；
2. 说明步行时关节力矩与COP之间的关系；
3. 说明重心的移动与地面反作用力之间的关系。

在步行开始的过程中，我们学习了COP是如何控制重心的。当步行稳定、速度基本恒定的时候，我们再观察一下“正常稳定步态”中会发生什么。

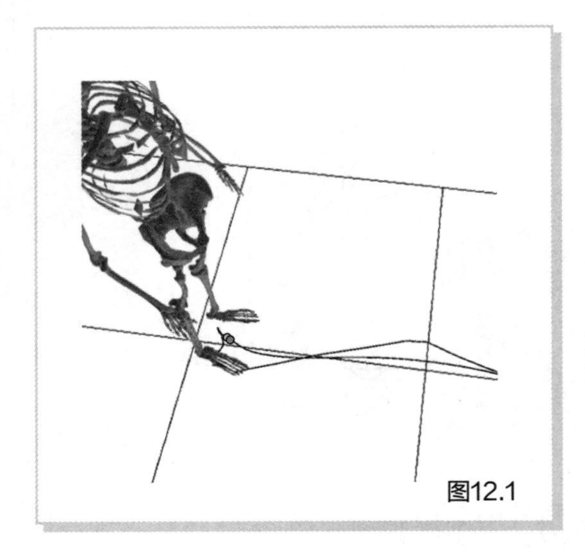
图12.1

步行中的重心（COG）和地面反作用力作用点（COP）

首先，让我们回顾一下步行开始时重心根据 COP 的位置来移动的计算机重建动画 12-1。

动画 12-1

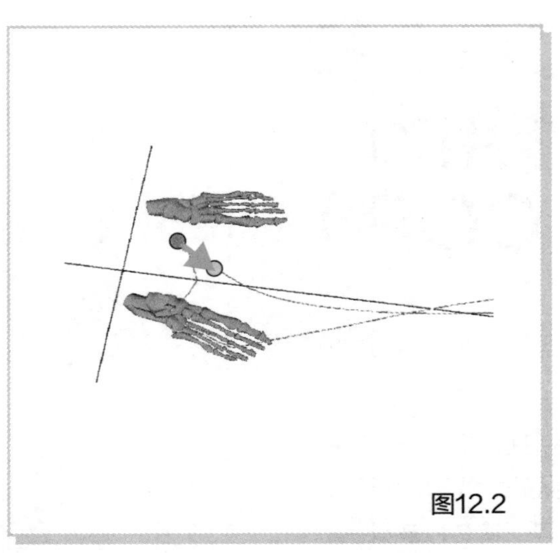
图12.2

在步行开始时，我们想将重心向右和向前移动，因此我们将 COP 向左和向后移动。这就导致 COP 的位置（灰色的点）和投影在地面上的重心的位置（粉红色的点）之间出现差异。此时，假设一个与位置差相对应的力（红色箭头）从 COP 向重心作用。那么，重心就会在力的方向上产生加速度。

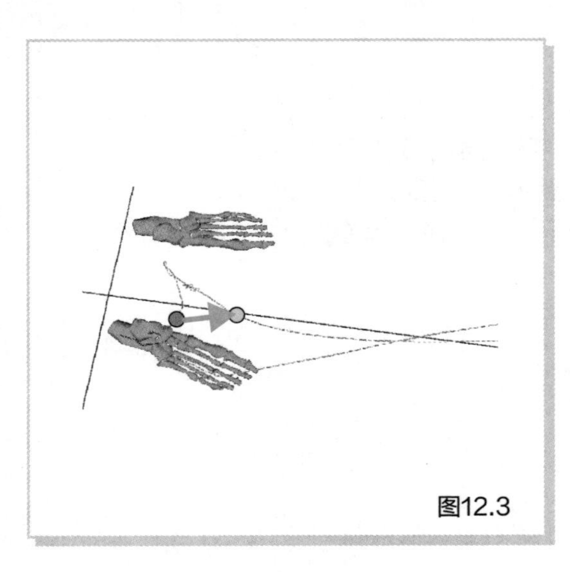
图12.3

让我们把时间往前推进一点。此时，也同样有一个力从 COP 向重心作用（这是一个想象的力，并不是图 12.3 中的红色箭头所示的力），导致重心加速。在这种情况下，由于重心已经向右和向前移动，力从侧边斜向作用，因此重心的方向被改变。

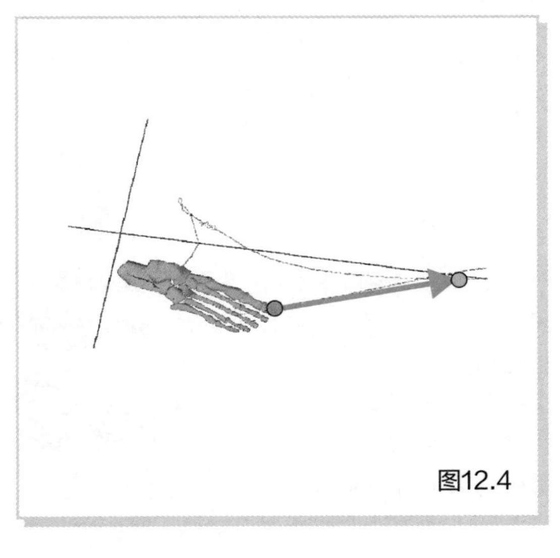
图12.4

图 12.4 是步行开始的时期，此时重心从后面被有力推出，因此重心以一个很大的加速度向前加速。这类似于低压和高压改变了台风的方向，给人一种 COP 调整了重心移动的方向和速度的印象。一旦步行开始阶段完成（直到第 4 步），步行过程将保持稳定，稳定的步行过程中也会发生同样的事情。

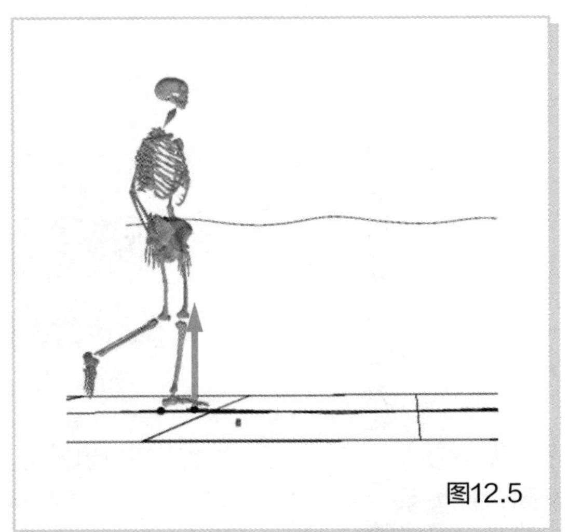
图12.5

动画 12-2

让我们用计算机重建动画 12-2 来观察步行中重心的移动和地面反作用力。

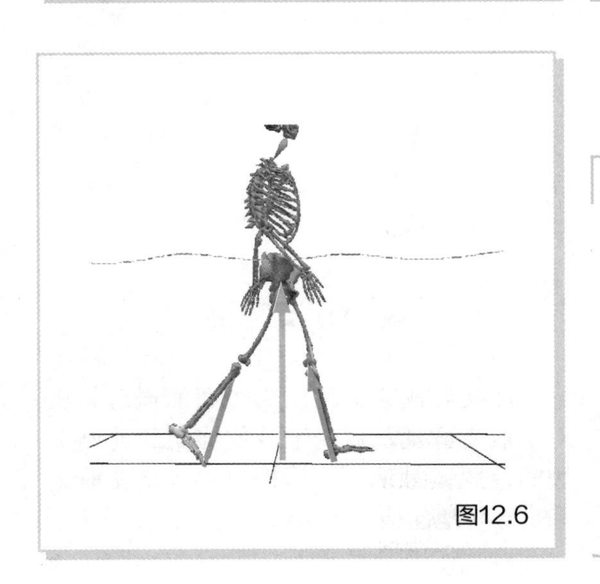
图12.6

注意左、右足的地面反作用力合力（红色）。左右侧合成 COP 的位置是由前侧足负荷和后侧足负荷之间的平衡决定的。因此，当只有后侧下肢与地面接触时，合成的 COP 在重心的后面。当前侧下肢触地时，COP 开始追赶、持平，并最终在前侧下肢的位置超越重心。通过这种方式，合成 COP 通过相对重心位置的前后移动来控制重心的位置。

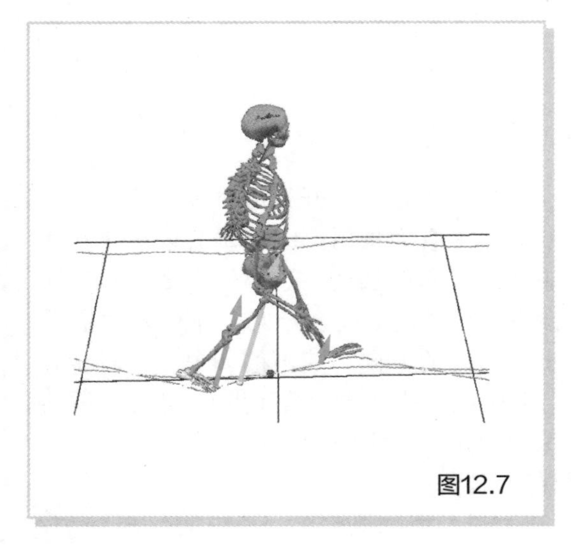

图12.7

从斜上方看，COP 不仅可以在前后方向，还能在左右方向上移动追赶重心。这看起来就像 COP 在操控重心的轨迹。COP 的作用就像一条牧羊犬，将羊群赶向想要的方向（动画 12-3）。

动画 12-3

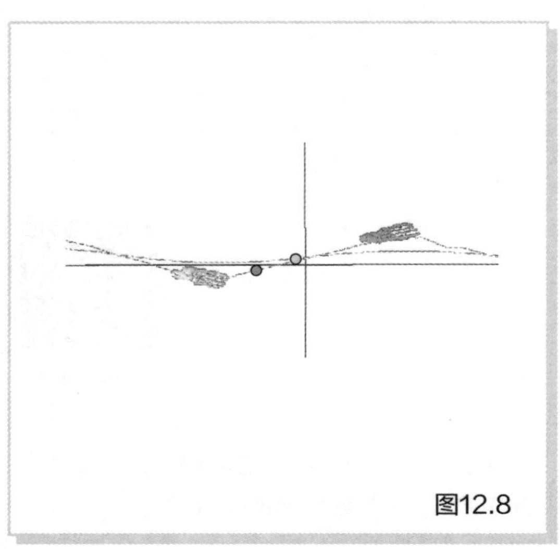

图12.8

动画 12-4

你可以从水平面上（俯视图）清晰地看到这种关系（动画 12-4）。

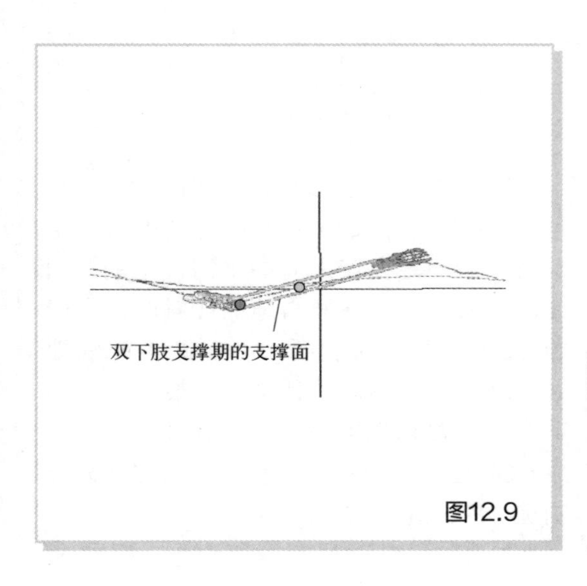

图12.9

重心和支撑面

让我们在这里运用支撑面的概念。在双下肢支撑期，后侧下肢的前足和前侧下肢的足跟接触地面。用橡皮筋包绕在前足和足跟与地面接触的区域，这就是支撑面。

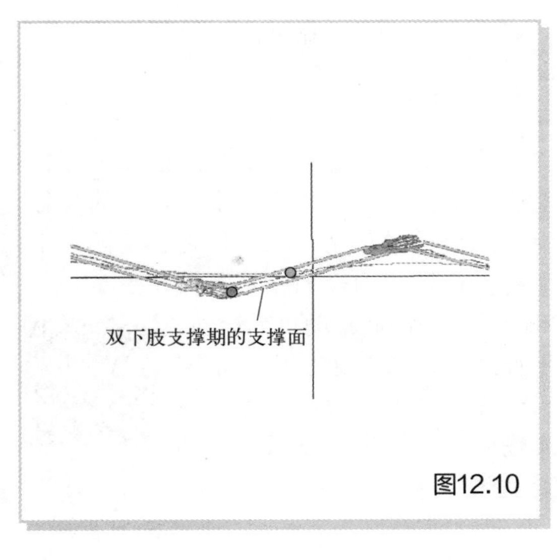

图12.10

如果将上一步和下一步的支撑面连起来考虑的话，图 12.10 中所示的狭窄通道就是支撑面。

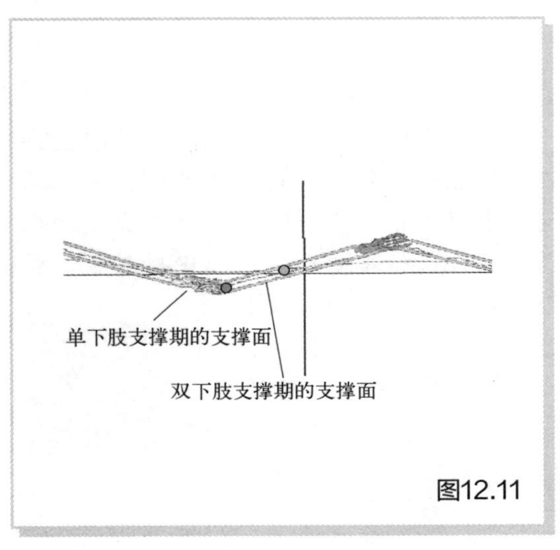

图12.11

由于单下肢支撑期足的足印是支撑面，因此当连接步态周期所有时期的支撑面时，图 12.11 中所示的狭窄通道是支撑面。

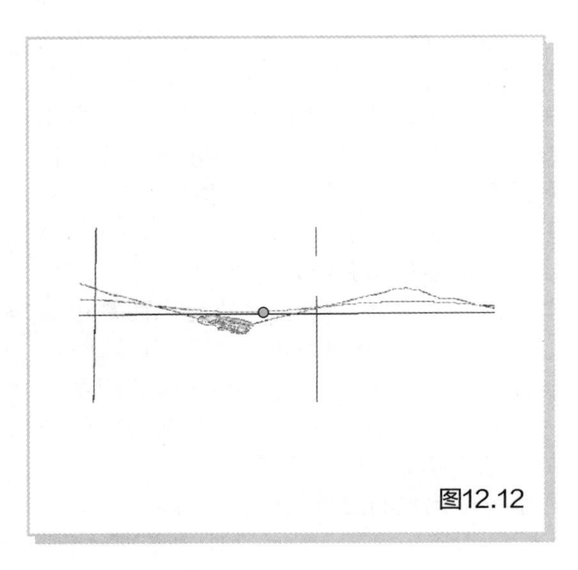
图12.12

动画 12-5

俯视重心的运动（动画 12-5），请记住，在单下肢支撑期间，重心是始终偏离支撑面的。

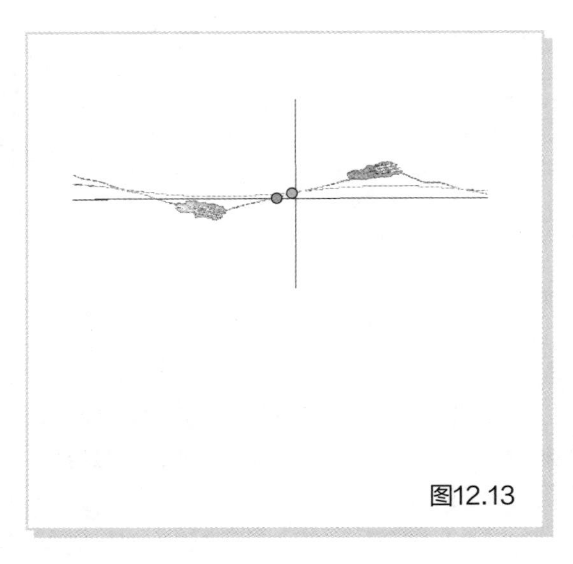

图12.13

只有在双下肢支撑期，COG 才能短暂地进入支撑面。因此可以推断常规的步行绝不是稳定的移动。与其说是稳定的，不如将步行描述为重心在不断倾倒的过程中向前移动更为恰当。步行之所以看起来稳定，是因为这样一个不稳定的状态是在流畅而有节奏地持续着的（动画 12-6）。

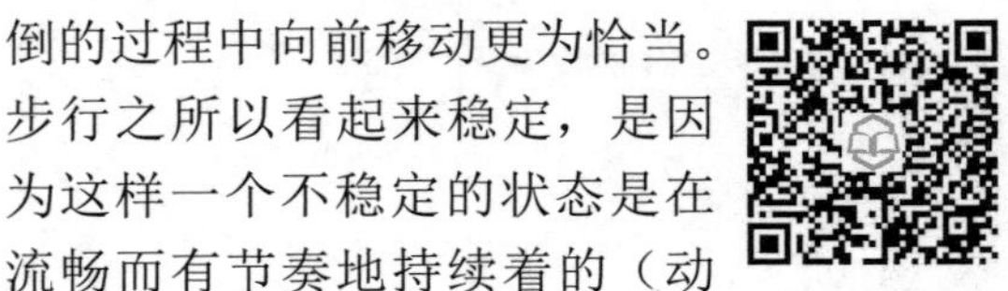

动画 12-6

图12.14

这里希望大家看到的是，支撑面必须处在恰当的位置上以控制重心的位置。从这个意义上说，步行时保持平衡就是根据重心的位置和速度来改变 COP 的位置。可以说是适当地配置了支撑面。这样一来，行走就绝不是一个稳定的状态。相反，更准确的说法是，不稳定的状态有规律地持续下去（动画 12-7）。

动画 12-7

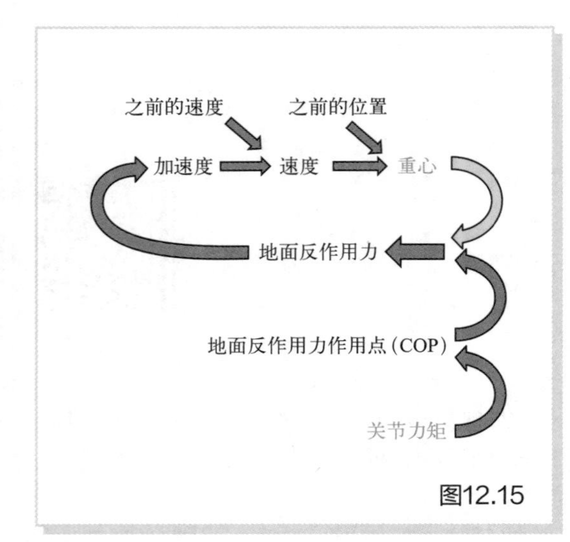

图12.15

图 12.15 类似于第 11 章小结中给出的关于步行开始时重心、COP 及关节力矩关系的图，但这里描述得更详细。关节力矩改变了 COP 的位置以及由 COP 和重心的位置差产生的地面反作用力的水平方向的（前后 / 内外侧）分量。该力产生了重心的加速度，使重心移动并决定其新的位置。此时，重心的位置并不由力直接决定，而是由加速度决定。这个加速度作用于当前速度，从而产生新的速度。速度的累积效应最终决定重心的位置。因此，对肌肉活动的控制必须在考虑到所有这些情况下决定。步行是一个比我们想象的要复杂得多的运动。

步行中重心（COG）的运动与地面反作用力（GRF）的关系

图12.16

现在我们知道了维持重心平衡的机制，让我们再看看重心的运动和地面反作用力之间的关系。这里的重点不是COP，而是地面反作用力本身。重心在平稳地反复上下运动的同时向前运动。

让我们从右足触地的时候开始，也就是双下肢支撑期开始时，重点关注地面反作用力。在迈出的右足上产生一个向后的地面反作用力，并在向上改变方向的同时逐渐增大。另一方面，后侧的左足的地面反作用力向前并逐渐减小。观察这两个地面反作用力的方向，可以发现这两个矢量并不平行。

向前的地面反作用力是推进力，而向后的地面反作用力是减速力，所以前足减速，后足则推进。虽然看起来有些奇怪，但当你从整体上考虑，就会发现，推进和减速的效果是相当的。这就是为什么正常的行走能保持一个几乎恒定的速度。如果推进力的效果更大，我们就会走得越来越快，这种情况发生在步行开始时。如果减速的效果更大，速度最终会变为零，这种情况也意味着步行的结束（动画12-8）。

动画 12-8

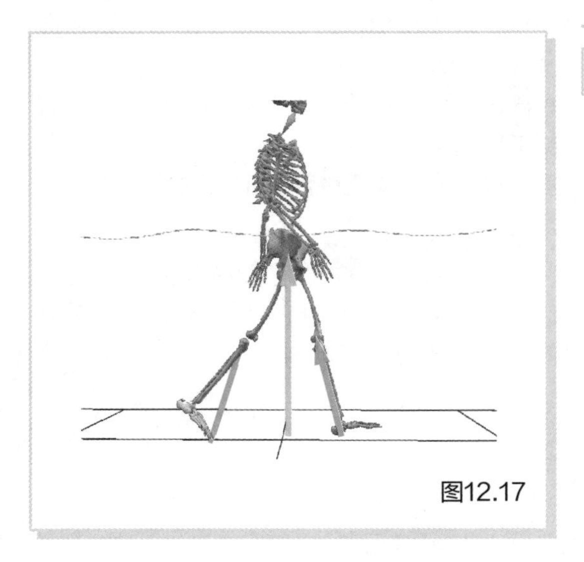

图12.17

让我们关注左右足地面反作用力的合力。首先，观察垂直方向上的分量，这相当于左右合成的地面反作用力矢量箭头的高度。双下肢支撑期的红色箭头是相当长的，也就是说，地面反作用力的垂直分量较大（大于重力）。在双下肢支撑期，重心从较高的位置下沉，到达最低点，然后再次向上移动。这个时间点类似于下蹲然后利用伸膝起立动作的转折时刻，回想一下，地面反作用力大于重力。

重心在单下肢支撑期上升。此时的地面反作用力小于重力。重心达到最高点时，正好在支撑侧下肢的正上方。请记住，在到达最高点之前，重心向上的移动就已经减速了。否则，当到达最高点时，重心的垂直速度将不会为零。

这样，当重心下降以及从下降变为上升时，地面反作用力就会大于重力。另一方面，地面反作用力在重心过了上升中期和最高点后的一段时期内会小于重力。这意味着，重心的高度与地面反作用力的大小是成反比的（动画12-9）。

动画 12-9

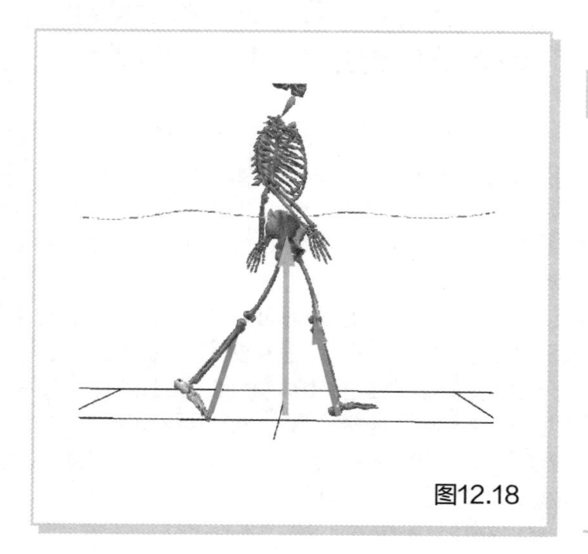

图12.18

现在注意前后方向的地面反作用力。在前侧迈出的足触地后的一段时间内，合成COP位于重心的后面，你可以看到地面反作用力是前倾的。也就是说，重心在这个时候是向前加速的。当COP位于重心的正下方时（双下肢支撑期），前进速度达到最高。之后，COP超过重心，地面反作用力向后倾斜，重心减速。当COP刚好在重心下面移动时（单下肢支撑期），重心的前进速度是最慢的。因此，重心的前进速度在双下肢支撑期最高，在单下肢支撑期最低。

最后，注意内外侧方向的地面反作用力。如果从冠状面看（从后侧看），地面反作用力矢量是指向内侧的。因此，从支撑侧下肢看，重心会向内侧偏移。当摆动足接触到地面时，着地足的地面反作用力先指向外侧，但立即又转向内侧。因此，两侧足的地面反作用力合力逐渐变得垂直。接着，在对侧足的单下肢支撑期内，地面反作用力也指向内侧（方向相反）。换句话说，重心总是受到指向内侧的力的作用，并且不会移动到左右侧下肢的宽度（步宽）之外。在这种机制下，重心以左右往复正弦波的形式向前移动。

小结

在步行时，重心永远不会稳定。为了让这种不稳定状态稳定地持续下去，人体依赖于优秀的控制机制。

小结

在步行时，重心永远不会稳定。为了让这种不稳定状态稳定地持续下去，人体依赖于优秀的控制机制。

第13章

步行的生物力学2
重心平稳运动的功能

本章学习目标：

1. 说明步行时使重心平稳运动的功能；
2. 说明步行时的减震机制；
3. 说明滚动功能与重心平稳运动的关系。

本节介绍使重心平稳运动的功能，这是健康步态的显著特征。

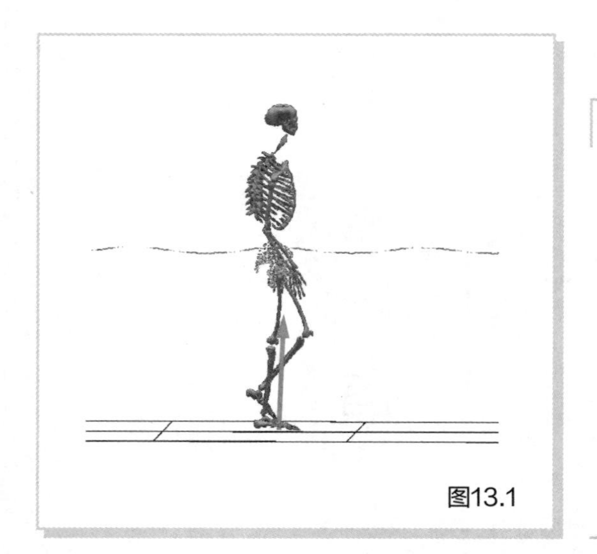
图13.1

步行时使重心平稳运动的功能

行走时，重心（COG）反复上下运动，单下肢支撑期重心较高，双下肢支撑期重心较低。重心高位时的高度与直立时几乎相同。在单下肢支撑期，由于摆动侧下肢的重心上升，重心位置会略微升高；随着支撑侧下肢髋关节内收的增加，重心会略微降低；两者影响相互抵消，所以，重心的位置几乎与直立时相同（动画 13-1）。

动画 13-1

图13.2

在双下肢支撑期间，重心位置最低。垂直高度差约 3cm，重心轨迹呈平稳的正弦曲线。正弦曲线越平稳，振幅越小，步行时的能量消耗越低。正常步行如何实现平稳、振幅小的重心运动呢？

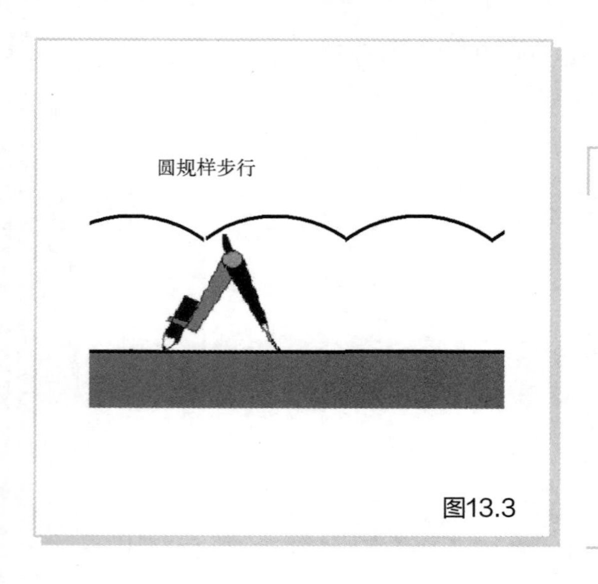

图13.3

如果人的双足运动就像图 13.3 中所示的圆规那样移动，那么重心的轨迹一定会形成带有尖锐波谷的轨迹。有两种方法可以减小该轨迹的振幅，一是降低单下肢支撑期的高度，另一种是增加双下肢支撑期的高度。考虑到单下肢支撑期的姿势，似乎很难让它低于目前的位置。因此，确定如何在双下肢支撑期提高重心是减少重心垂直运动的关键。

从这个意义上说，让我们观察一下初始着地（IC）的姿势。初始着地是足接触地面的时刻。前侧下肢的足跟刚接触地面，留在后面的对侧下肢前足支撑。如果将此姿势与两只脚整个脚底板都接触地面的姿势进行比较，你会发现重心明显更高。首先，在前侧足接触地面之前，后侧足的踝关节跖屈肌产生减速作用，足跟抬起以保持重心在较高的位置。这个动作纠正了重心的轨迹，使重心的运动不会太低。

图13.4

课堂教学

请带一名学生到前面，让学生保持后侧足的足趾着地，前侧足的足跟着地的姿势。记住此时头部的高度，并与双侧足平放时的高度进行比较。

在这一章中，请记住关于步态周期中各个时期的名称，根据需要进行说明。初始着地是指观察脚接触地面的瞬间。

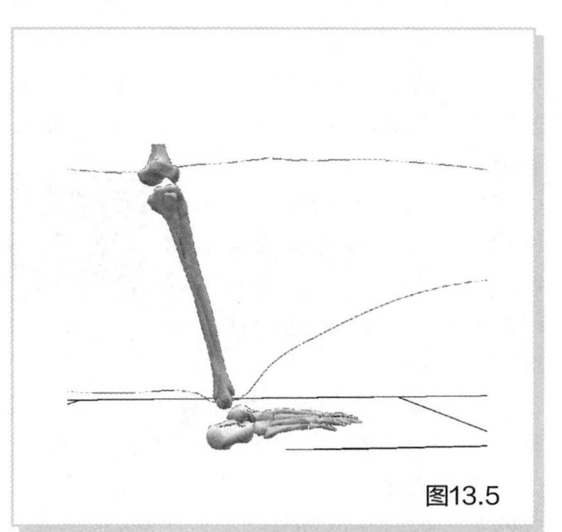
图13.5

观察前侧足，用足跟着地可以让足以足跟为中心向前转动。这样踝关节可以向前和向下移动（动画 13-2）。

动画 13-2

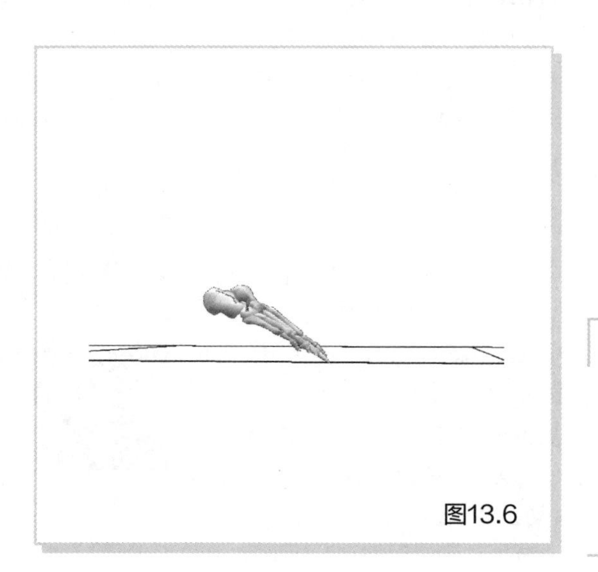
图13.6

如果不是足跟先着地，而是足趾（前足）先着地，会发生什么？足部将以足趾为转动中心向后转动，踝关节向后向下方移动（动画 13-3）。

动画 13-3

图13.7

承重反应期（LR）是从足初始着地（IC）到对侧趾离地之间的时间段。在LR期间，前侧足足跟与地面接触，足以足跟为中心转动，踝关节向前和向下转动。这样，身体就不需要去纠正圆规样行走时突然向上移动的重心轨迹（动画13-4）。

动画13-4

图13.8

在承重反应期，小腿上升与踝关节下降一样多，膝关节可以相对地面水平移动。膝关节轻微弯曲，这导致大腿以相对于地面几乎恒定的角度水平移动。这个动作允许髋关节相对地面水平移动。重心的移动与髋关节的移动几乎相同，并且重心可以相对地面几乎水平地向前移动（动画13-5）。

动画13-5

在支撑中期的前半段，膝关节将伸展，并且整个下肢将直立，因此重心会向上移动。

支撑中期是从对侧趾离地到观察侧跟离地之间的持续时间。

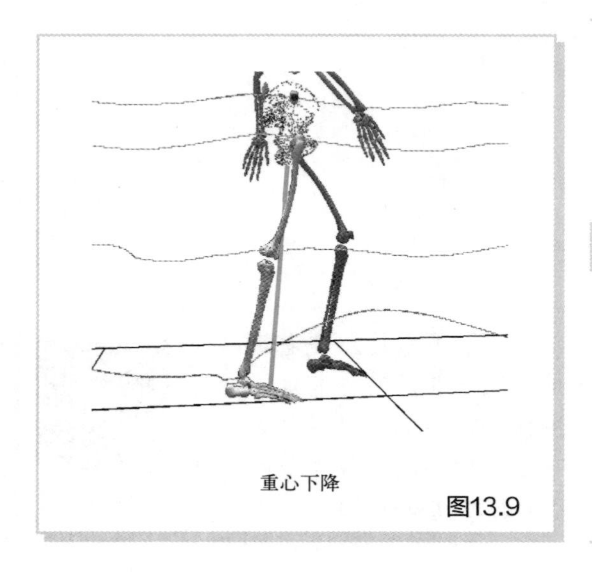

图13.9

在支撑中期（Mst）的后半段，整个下肢绕着踝关节向前转动。支撑中期结束后重心下降。作为前侧足的右足变成后侧足，并重复同样的情况。上述关节运动使重心的轨迹成为平滑的曲线（动画13-6）。

动画13-6

步行时的减震（shock absorption）机制

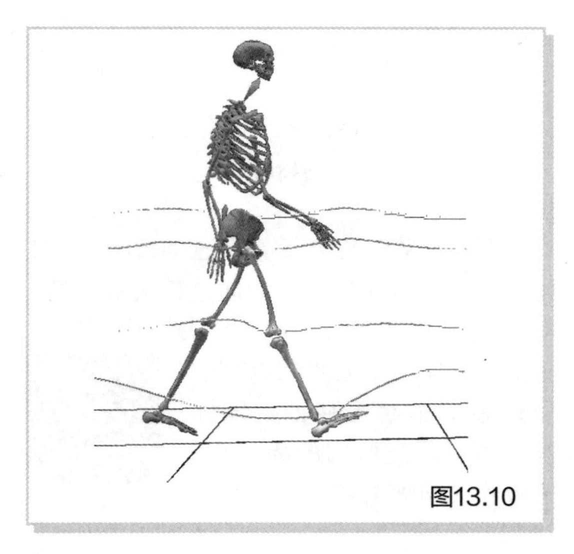
图13.10

让我们从另一个的角度来看待这一系列的运动。当前侧足与地面接触时会产生很大的冲击。当足接触地面时，与从 1cm 左右的高度坠落的冲击是一样的。让我们感受一下此时的冲击。让我们站起来，将足跟抬高约 1cm，完全放松下落，感受下落时的冲击。你可以感觉到整个身体都受到了冲击。

在人类行走中，每一步都会对触地的足施加这种程度的冲击，但我们却感觉不到这种冲击。为什么会这样？

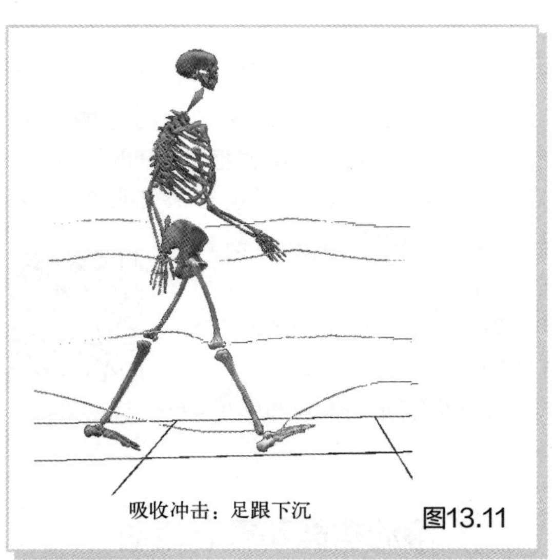

图13.11

正常行走时的初始着地，着地部位通常在足跟处。足跟有皮肤等软组织，同时鞋底也有缓冲作用，很容易吸收冲击。因为有一段时间整个身体必须只由一只脚进行支撑，在结构上足趾容易吸收冲击（动画 13-7）。

动画 13-7

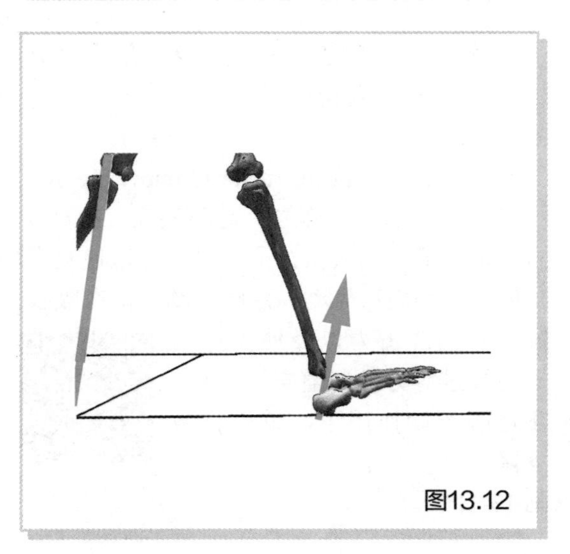
图13.12

当足跟着地时，地面反作用力从足跟处产生，并经过踝关节稍后侧。地面反作用力试图使踝关节跖屈，但踝关节背屈肌通过离心收缩来对抗此作用。也就是说，离心收缩可以减缓踝关节跖屈。因此，肌肉离心收缩的目的之一就是吸收冲击（动画 13-8）。

动画 13-8

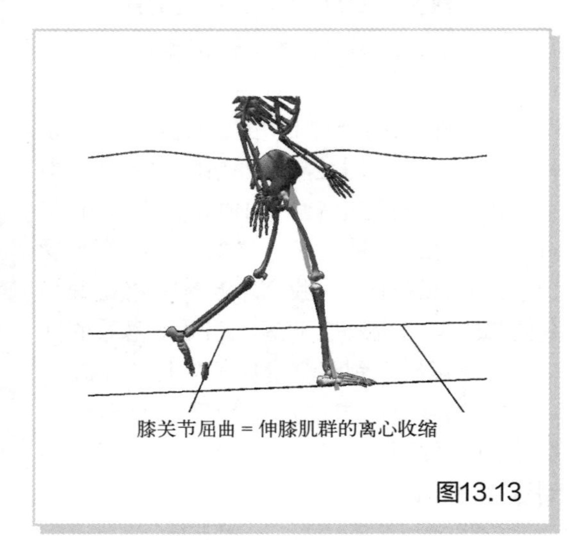

图13.13

图 13.13 显示了承重反应期前侧足刚刚触地时，地面反作用力通过膝关节后侧，对膝关节产生屈曲作用。膝关节的伸展肌群离心收缩以减速，以使膝关节缓慢屈曲。同样，冲击可以通过肌肉的离心收缩来吸收（动画 13-9）。

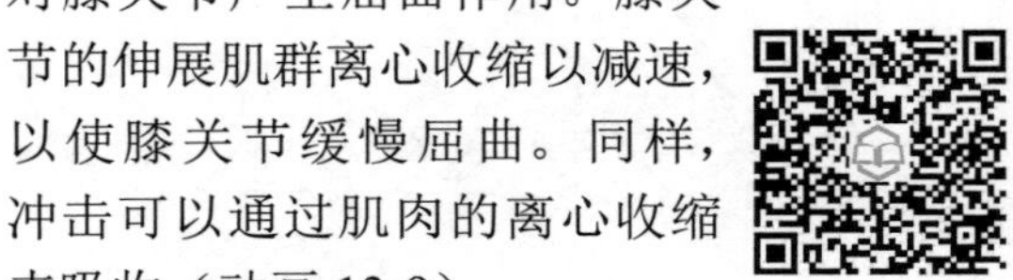

动画 13-9

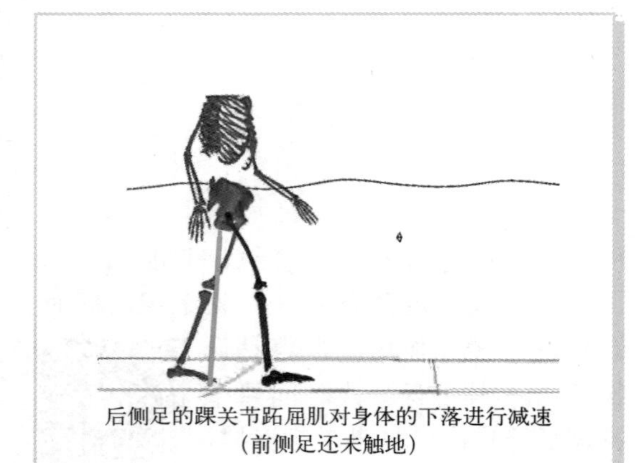

图13.14

有趣的是，冲击吸收在前侧足触地之前就开始了。在前侧足的摆动末期（Tsw），后侧足的踝关节跖屈肌进行离心收缩。跖屈肌的离心收缩是为了阻止身体的下落。如果没有这种减速机制，前侧下肢的负荷会更大（动画 13-10）。

摆动末期：摆动期的最后。

动画 13-10

滚动功能和重心运动

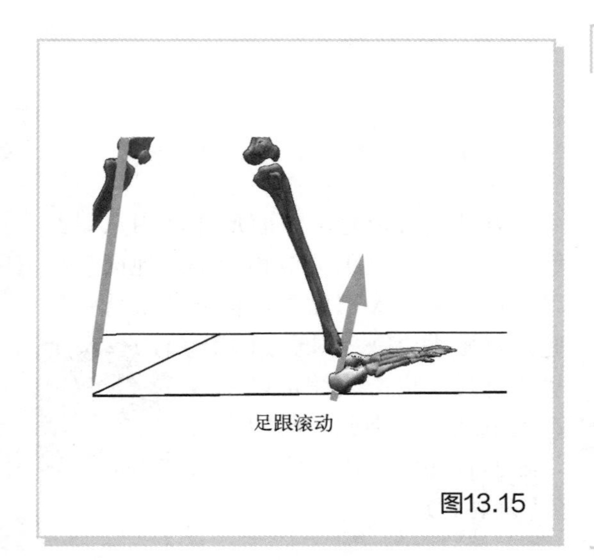

图13.15

最后，让我们从滚动功能的角度来分析这些动作。从初始着地（IC）到承重反应期（LR），足绕着足跟向前转动。OGIG（Observational Gait Instructor Group，U.S.A.）观察到这个功能，称之为足跟滚动。Rocker 指的是摇椅，当人坐在上面时，可以使整个身体向前和向后晃动。足跟滚动功能在吸收触地时的冲击力以及使支撑期平稳推进等方面起着重要作用。在足跟滚动作用下，重心略微下降，然后向前上方移动（动画 13-11）。

动画 13-11

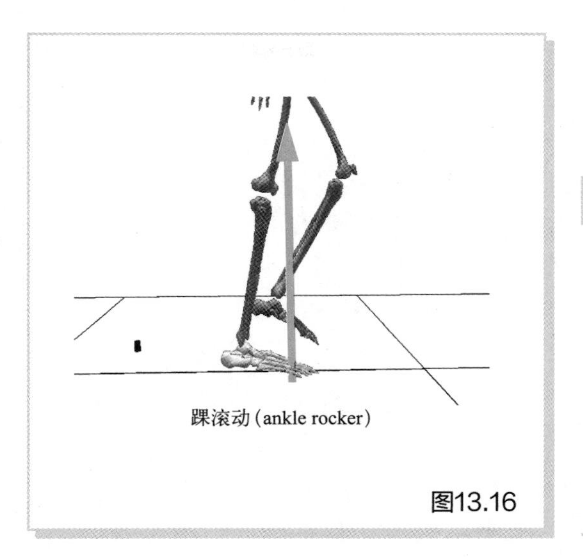

图13.16

在支撑中期（Mst），当足完全放平时，踝关节成为了转动中心。这个动作称为踝滚动。踝滚动功能发生在不稳定的单下肢支撑期，踝关节跖屈肌对重心的向前移动施加适度的减速，并保持重心平稳推进。踝滚动期间重心先上升然后下降（动画 13-12）。

动画 13-12

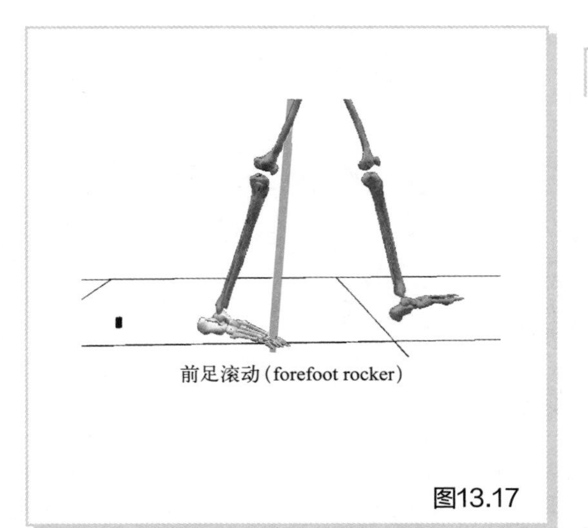

图13.17

当体重进一步移动到前足时，足跟离开地面并进入支撑末期（Tst）。支撑末期是足跟离地到对侧足初始着地之间的一段时间。支撑末期的重要功能是定位对侧足的位置。在支撑末期，此时的动作称为前足滚动，前足是转动中心。前足滚动从支撑末期持续到预摆期，起到将重心从后侧足平稳地转移到前侧足的作用。前足滚动期间的重心在逐渐下降的同时前移（动画 13-13）。

动画 13-13

图13.18

小结

正常步行的滚动功能是一种出色的机制，可以在逐渐移动转动中心的同时平稳地向前移动身体。这个动作只能通过完成全部三种滚动来完成，就像三级跳中的第一级单脚跳、第二级跨步跳和第三级跳跃那样完整的动作一样。健康的人可以用较少的能量轻松地推进重心，很好地应对步行中的不稳定性，而不是与这种不稳定性做斗争。正常步态分析的相应知识可以作为了解运动障碍人群和老年人群步态的基础，对于康复训练来说非常有应用价值。

第14章

步行的生物力学3 观察法步态分析——OGIG法

本章学习目标：

1. 说明OGIG步态术语；
2. 说明健康人每个步态周期中的标准关节角度；
3. 说明三种滚动功能。

在这里，学生将学习如何使用OGIG（Observational Gait Instructor Group）术语来观察正常步态。首先，让我们解释一下如何用OGIG术语来划分一个步态周期。

了解OGIG的国际用语

表 14.1 显示了一个步态周期。

从与地面接触的状态来看，一个周期分为支撑相和摆动相。从功能上看，步态周期分为体重接受期、单下肢支撑期和下肢摆动前进期。体重接受期进一步分为初始着地和承重反应期。单下肢支撑期分为支撑中期和支撑末期。下肢摆动前进期分为预摆期（摆动下肢准备期）、摆动初期、摆动中期、摆动末期。OGIG 为每个步态周期定义了八个术语。

表 14.1　步态周期

步态周期							
按与地面接触的状态分类							
支撑相					摆动相		
按功能分类							
体重接受期		单下肢支撑期		下肢摆动前进期			
初始着地（initial contact）	承重反应期（loading response）	支撑中期（mid stance）	支撑末期（terminal stance）	预摆期（pre-swing）	摆动初期（initial swing）	摆动中期（mid swing）	摆动末期（terminal swing）

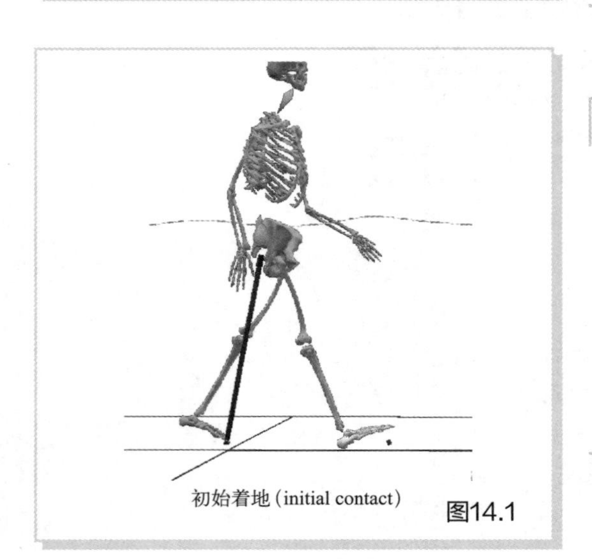

初始着地 (initial contact)

图14.1

首先，为方便起见，一个步态周期从一侧足（例如右侧足）着地开始。观察侧足与地面接触的时刻称为初始着地（initial contact），缩写为 IC（动画 14-1）。initial 是指开始的意思。初始着地的第一个单词叫 initial，是从这里来的。contact 是接触的意思。

动画 14-1

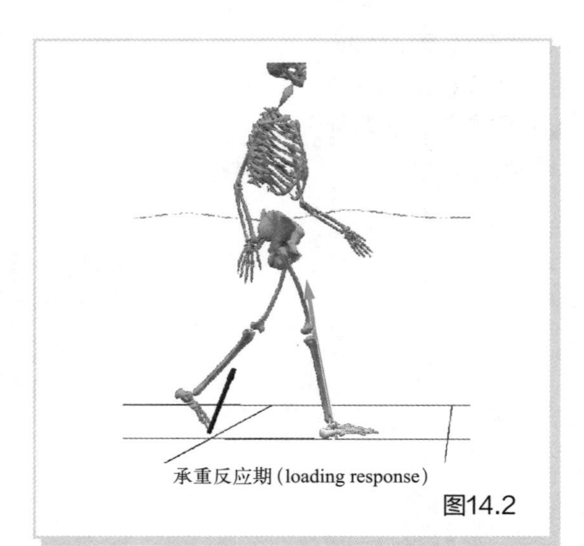

承重反应期 (loading response)

图14.2

初始着地是接触地面的那一瞬间，会立即结束。从右侧足接触地面到左侧趾离地的这段时间称为承重反应期（loading response），缩写为 LR（动画 14-2）。承重反应期是双下肢支撑，是体重从后侧足移动到前侧足的时期，load 是指体重，response 是指反应、响应。

动画 14-2

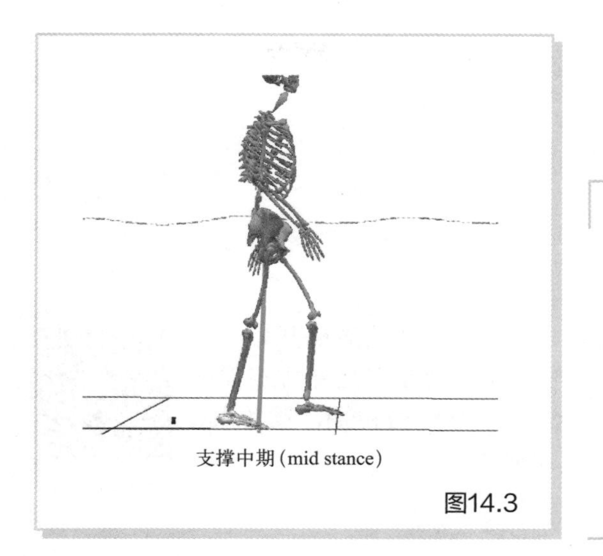

图14.3

在下一个阶段，观察侧足（右侧足）的足底着地。在此期间，对侧下肢离开地面并向前移动。不久，右侧足足跟将会抬起，足跟离开地面之前的这段时间称为支撑中期（mid stance），缩写为Mst（动画 14-3）。mid 是中间的意思，stance 是支撑的意思。

动画 14-3

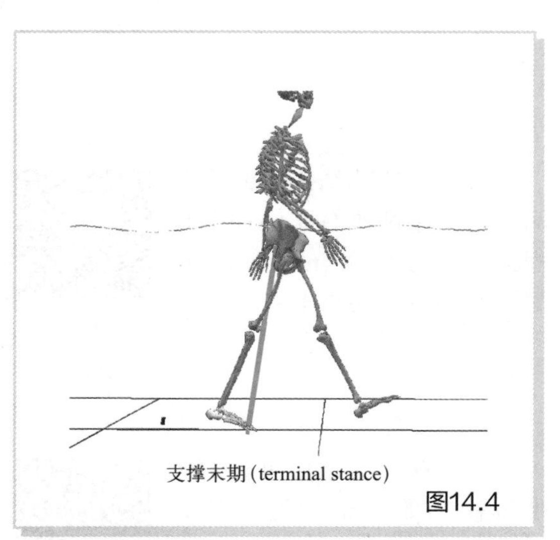

图14.4

右侧足足跟抬起后，左侧足出现初始着地。这个时期称为支撑末期（terminal stance），缩写为 Tst（动画 14-4）。支撑末期意味着单下肢支撑期的结束。terminal 是终点的意思。

动画 14-4

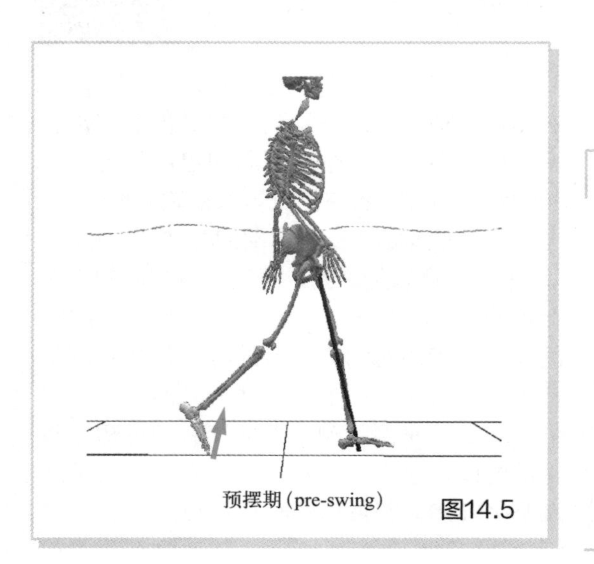

图14.5

从对侧足（左侧足）初始着地到右侧趾离地的这段时间称为预摆期（pre-swing），缩写为 Psw（动画 14-5）。观察侧（右侧）足与地面接触，但从功能的角度来看，它被归类为摆动期的准备阶段。观察侧足的预摆期是对侧足的承重反应期。pre 是预先的意思，swing 是挥动、摆动的意思，类似于高尔夫球的挥杆动作。

动画 14-5

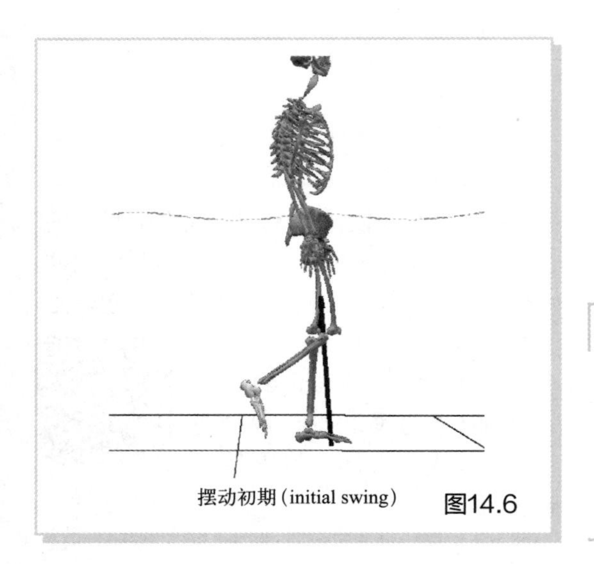

摆动初期（initial swing）　图14.6

从右侧足趾离地开始，向前摆动直到左右足并排相邻的过程称为摆动初期，简称 Isw（动画 14-6）。

动画 14-6

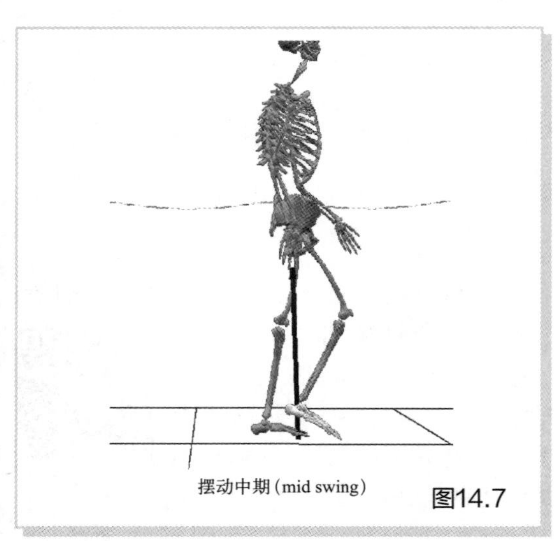

摆动中期（mid swing）　图14.7

从摆动初期结束直到摆动侧下肢的小腿垂直于地面的过程称为摆动中期（mid swing），缩写为 Msw（动画 14-7）。

动画 14-7

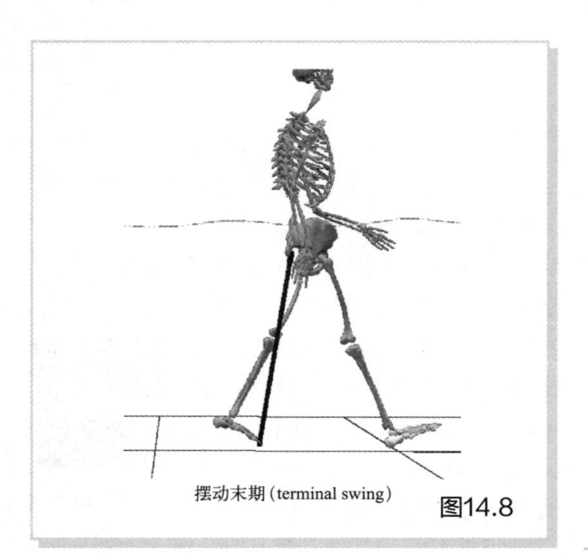

摆动末期（terminal swing）　图14.8

从摆动中期结束直到右侧足再次初始着地的过程称为摆动末期，缩写为 Tsw（动画 14-8）。

动画 14-8

像这样，一个步态周期是从右侧足的初始着地开始到右侧足再次初始着地结束。当然，一个步态周期也可从左侧足的初始着地开始到左侧足再次初始着地结束。无论从哪里开始，一个周期的时间基本相同。“基本”的意思是，如果每次都以相同的节奏行走的话，一个步态周期也可以是一步的时间加下一步的时间。一步的时间是从右侧足初始着地到左侧足初始着地的时间。下一步的时间是从左侧足初始着地到右侧足初始着地的时间。总之，无论您是从右侧足还是从左侧足开始，测量出的时长是相同的。

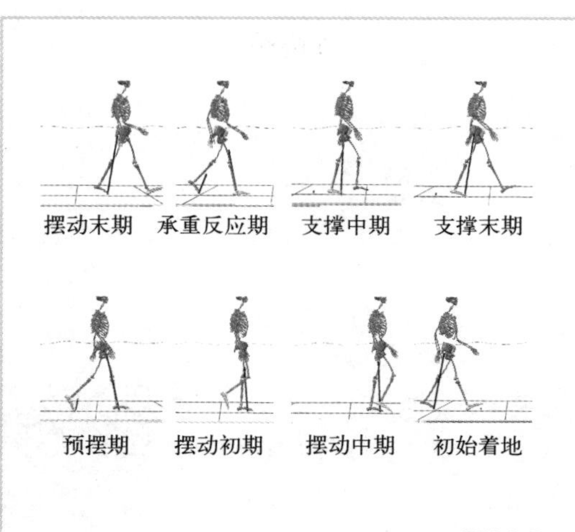

图14.9

课堂教学

步态周期的解释到此结束。请适当播放和暂停相应时间段的动画，让学生说明分别是哪个时期（动画 14-9）。

动画 14-9

步态周期							
按与地面接触的状态分类							
支撑相					摆动相		
按功能分类							
体重接受期		单下肢支撑期		下肢摆动前进期			
初始着地（initial contact）	承重反应期（loading response）	支撑中期（mid stance）	支撑末期（terminal stance）	预摆期 (pre-swing)	摆动初期 (initial swing)	摆动中期 (mid swing)	摆动末期 (terminal swing)

正常步行数据

让我们重新复习一遍步态周期。

在记住了步态周期每个时相的名称之后，接下来，让我们了解一下正常人在步行周期每个时相的关节角度值。

图14.10

如图 14.10 所示，您应该注意如何测量髋关节的角度。在 OGIG 步态观察中，髋关节的角度不是以骨盆为基准，而是以地面的垂线为基准。髋关节角度表示为它相对于垂线屈曲多少度和伸展多少度。

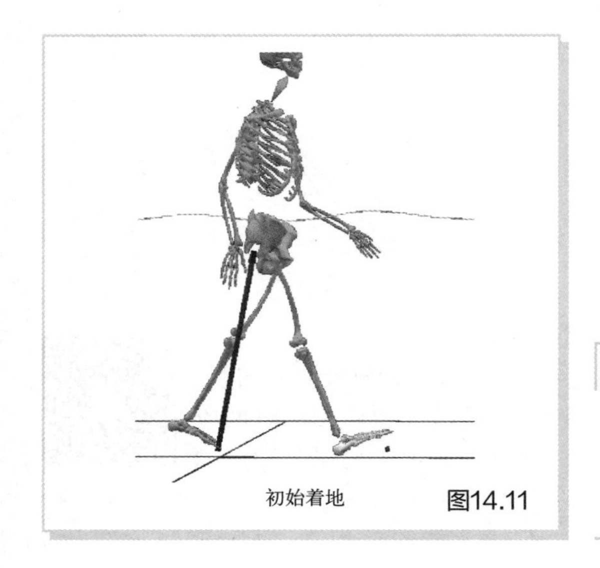

图14.11

初始着地（IC）时，骨盆前倾5°，髋关节屈曲20°，膝关节屈曲5°，踝关节为0°（动画14-10）。

动画 14-10

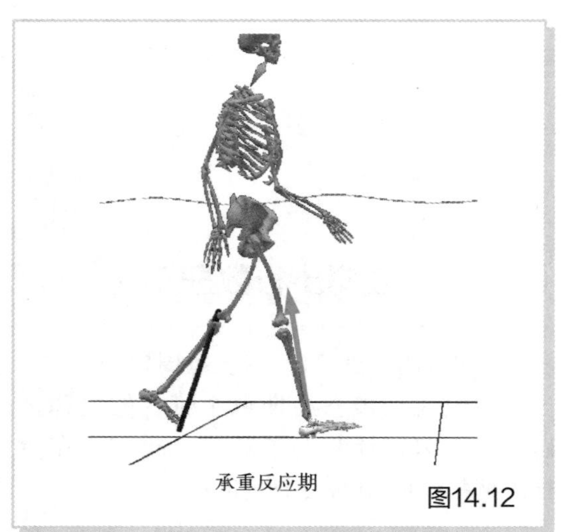

图14.12

从这里开始，关节角度是指各时相结束时的角度。

承重反应期（LR）结束时，膝关节屈曲15°，踝关节跖屈5°（动画14-11）。

动画 14-11

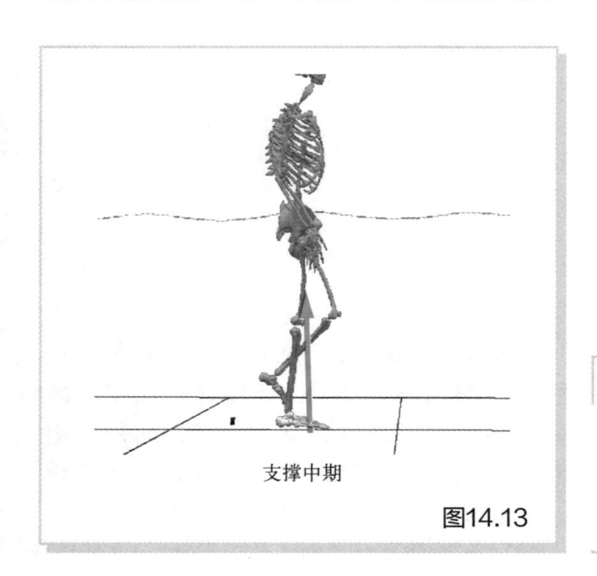

图14.13

支撑中期（Mst）结束时，髋关节处于0°位置，膝关节屈曲5°，踝关节背屈5°（动画14-12）。

动画 14-12

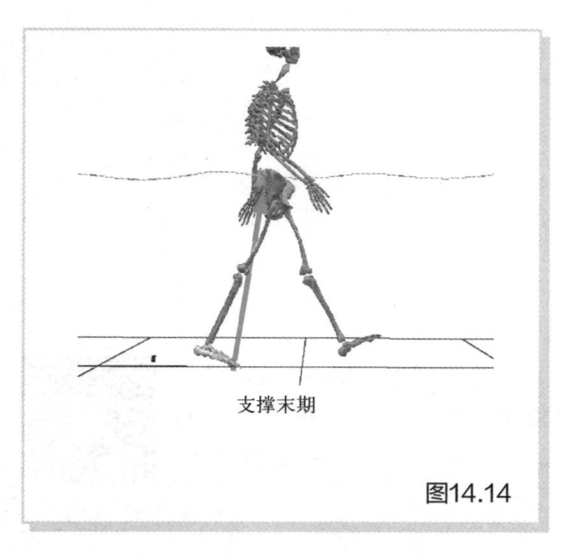

图14.14

支撑末期（Tst）结束时，骨盆后倾 5°，髋关节伸展 20°，膝关节屈曲 5°，踝关节背屈 10°（动画 14-13）。

动画 14-13

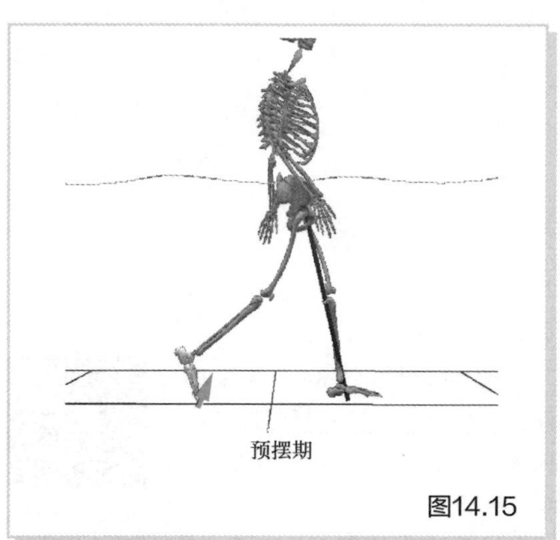

图14.15

预摆期（Psw）结束时，髋关节伸展 10°，膝关节屈曲 40°，踝关节跖屈 15°（动画 14-14）。

动画 14-14

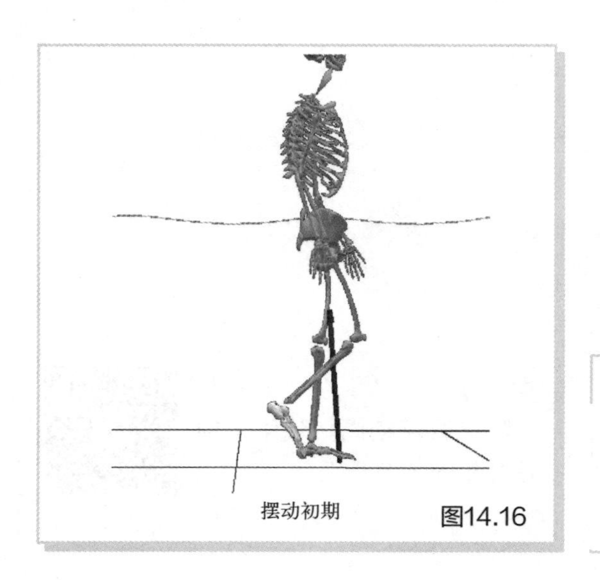

图14.16

摆动初期（Isw）结束时，髋关节屈曲 15°，膝关节屈曲 60°，踝关节跖屈 5°（动画 14-15）。

动画 14-15

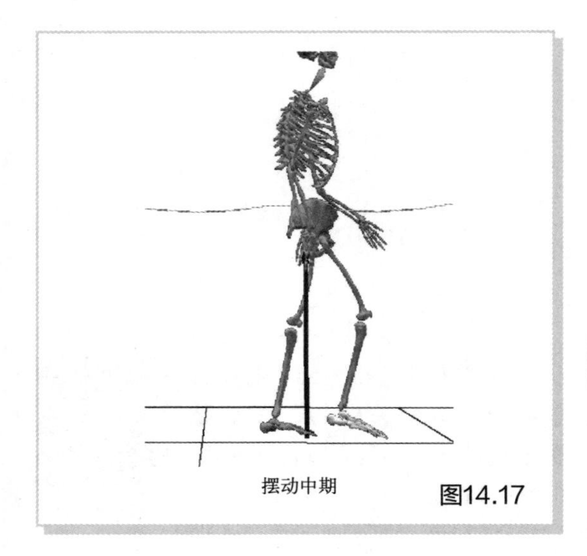

图14.17

摆动中期（Msw）结束时，髋关节屈曲 25°，膝关节屈曲 25°，踝关节 0°（动画 14-16）。

动画 14-16

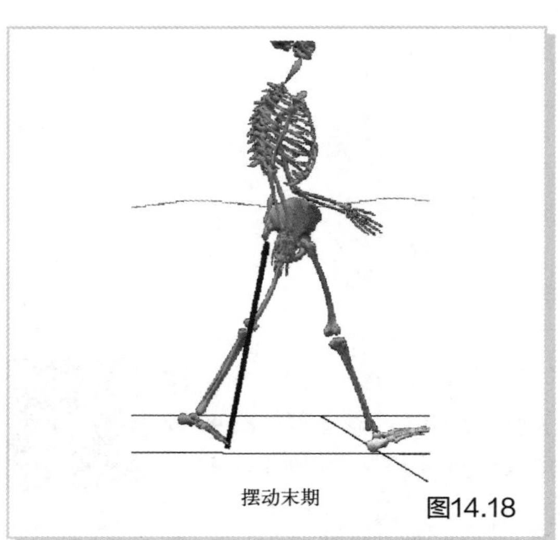

图14.18

摆动末期（Tsw）结束时，骨盆前倾 5°，髋关节屈曲 20°，膝关节屈曲 5°，踝关节 0°（动画 14-17）。

动画 14-17

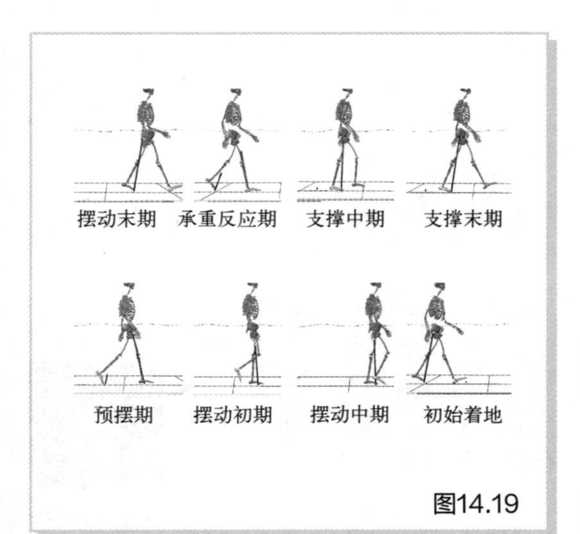

图14.19

课堂教学

随机暂停动画，让学生回答各时相的关节角度。

动画 14-18

图14.20

3个滚动功能机制

接下来，我们将关注正常步态的支撑期中，足的哪个部位会成为转动中心以及身体的旋转情况。根据 OGIG 术语，步行过程中身体的旋转好比摇椅一样。在正常步态的支撑期中，转动轴一边向前移动，足部一边绕着转动轴发生摇椅一样的旋转。这种转动称为滚动功能。

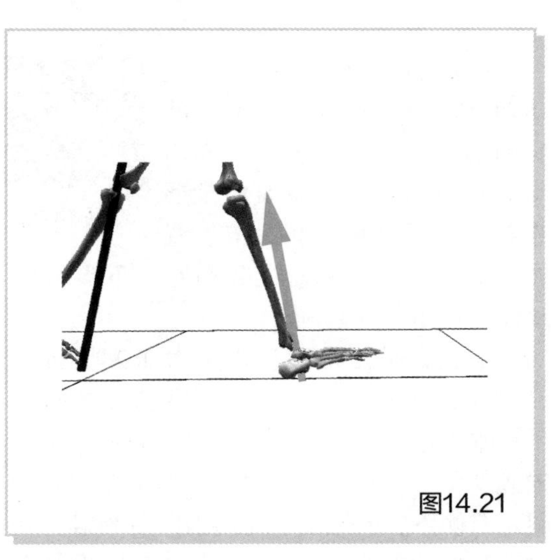
图14.21

让我们来看看这三种滚动。

首先，在初始着地时，我们先检查足跟是否接触地面。健康人群总是用足跟触地。在承重反应期，足跟作为转动中心，足向前转动。此功能称为足跟滚动。异常的足跟滚动表现为跟滚动不完整或跟滚动不足（动画 14-19）。

动画 14-19

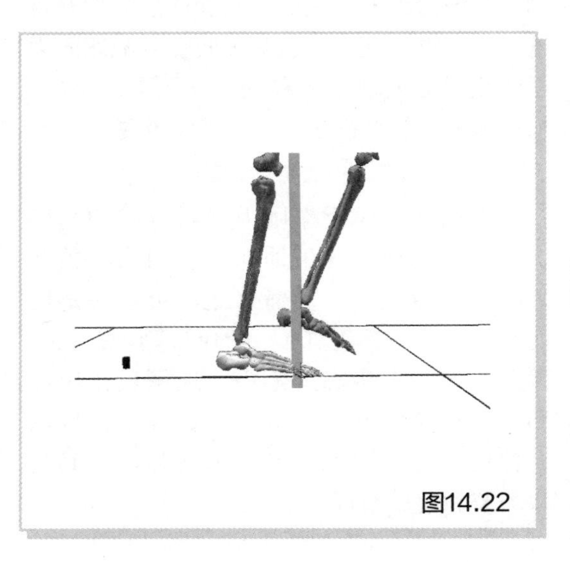
图14.22

在接下来的支撑中期，足底接触地面，身体以踝关节为旋转中心向前转动。此功能称为踝滚动。当踝关节的转动异常时，表现为踝关节滚动不完全或踝关节滚动不足（动画 14-20）。

动画 14-20

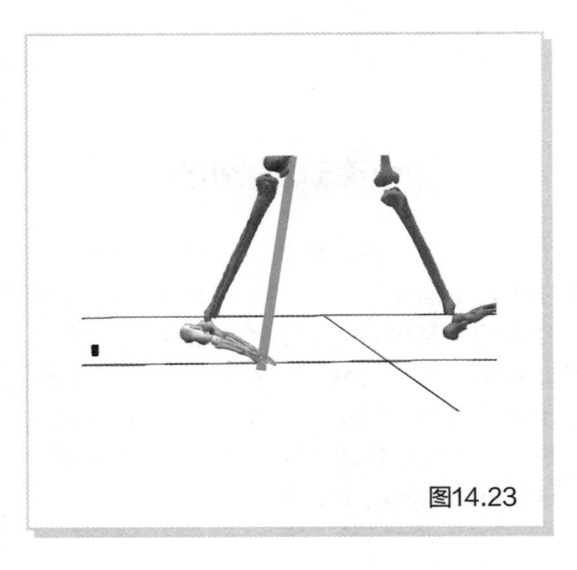

图14.23

在支撑末期，足跟离开地面，足部以前足为转动中心向前转动。此功能称为前足滚动。如果前足转动异常时，则表现为前足滚动不完整或前足滚动不足（动画 14-21）。

动画 14-21

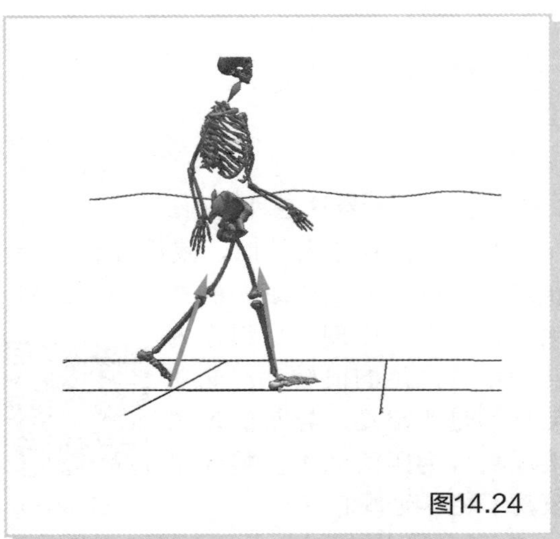

图14.24

让我们一边在脑中想着滚动功能，一边观察步态期间的肌肉活动。在考虑表示肌肉活动的关节力矩时，重要的是要查看地面反作用力和关节位置之间的关系。首先，让我们看一下步行中地面反作用力的动画 14-22。

动画 14-22

让我们关注地面反作用力在矢状面内的运动。地面反作用力在单下肢支撑期几乎是垂直地面的，在双下肢支撑期有着较大的倾斜度。后侧下肢的地面反作用力向前倾斜，前侧下肢的地面反作用力向后倾斜。后侧下肢向后蹬地，然后受到加速的力量并将重心向前推。同时，前侧下肢受到减速的力而防止重心向前过分移动。在正常步态中，加速和减速的过程在每一步不断重复。

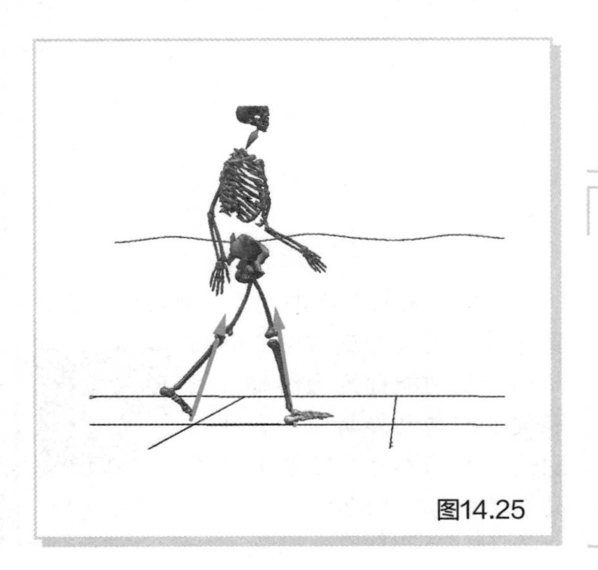

图14.25

在记住地面反作用力倾斜方式的基础上，让我们观察一下地面反作用力与关节之间的位置关系。简而言之，可以说是地面反作用力在改变倾斜度的同时紧贴下肢。因此，在一个步态周期中，地面反作用力和关节位置没有太大分离。这表明在健康个体的步态中肌肉活动不太明显，尤其是膝关节和髋关节周围的肌群。

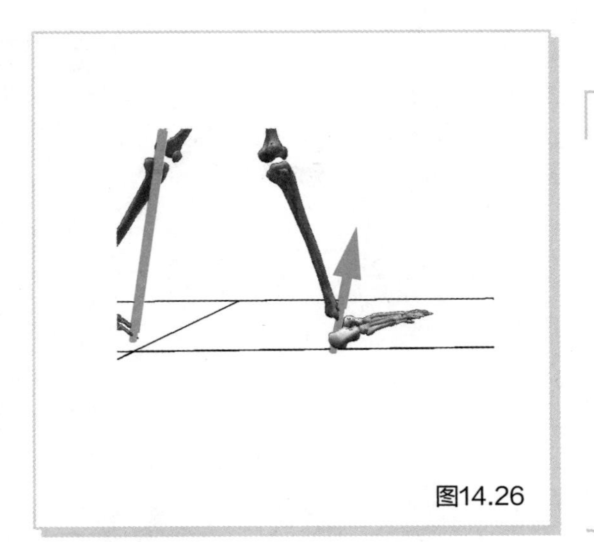
图14.26

让我们从滚动功能的角度考虑踝关节周围的肌肉活动。请观看计算机重建动画14-23，重点关注踝关节与地面反作用力之间的关系。在足跟滚动中，地面反作用力通过踝关节略后方，可以看到背屈肌处于激活状态。此时，踝关节跖屈，背屈肌发生离心收缩。背屈肌的离心收缩降低了触地时的冲击力，使整个身体平稳地向前旋转（动画 14-23）。

动画 14-23

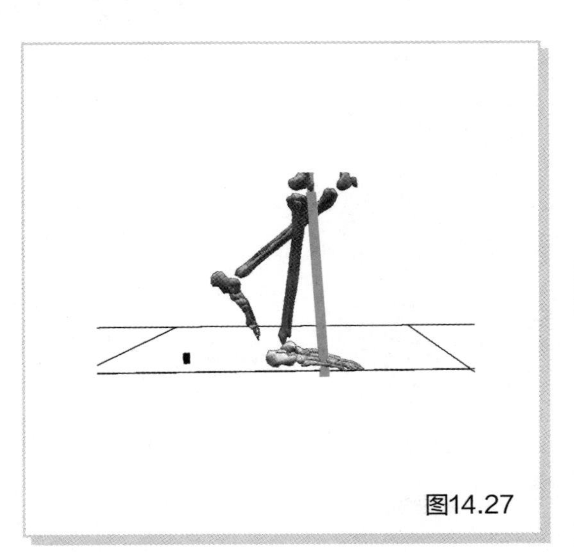
图14.27

在踝滚动期间，地面反作用力通过踝关节前方，可以看到跖屈肌群处于激活状态。此时，踝关节处于背屈，因此跖屈肌的离心收缩会减慢重心的向前运动（动画 14-24）。

动画 14-24

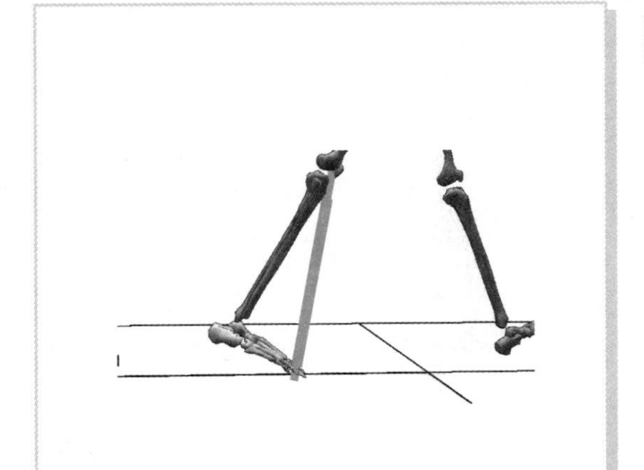
图14.28

在前足滚动中，地面反作用力主要通过踝关节的大前方。此时，跖屈肌群的活动增加，在用足趾负重的同时，可以使对侧足向前移动，获取较大的步幅。前足滚动中跖屈肌群在整个步态周期中最为活跃。

动画 14-25

小结

在本章结束时，您应该：

- 了解步态周期；
- 记住每个时相中关节角度的标准值；
- 了解滚动功能机制。

第15章

练习

灵活运用目前所学到的知识，练习以下习题。

力学中重要术语及公式

术语	公式	单位
力=质量与加速度的乘积	$F=Ma$	N（牛顿）
力矩（也称扭矩）=力和距离的乘积	$Q=FL$（其中，L指距离，是支点到力作用线的垂直距离）	N·m（牛顿·米）
动量=质量与速度的乘积	$P=MV$	
冲量=力与时间的乘积	$R=Ft$	N·s（牛顿·秒）
功=力与沿力作用线移动距离的乘积	$E=FL$（L指距离，是指沿力作用线移动距离）	J（焦耳）
功率=单位时间内所做的功	$W=E/t$	W（瓦特）
动能	$K=1/2MV^2$	J（焦耳）
势能	$U=Mgh$	J（焦耳）
机械能=动能和势能之和	$E=K+U$	J（焦耳）
1马力		=735W（瓦特）

第 1 章的练习题

Q1

足底的力是体重的百分之多少?

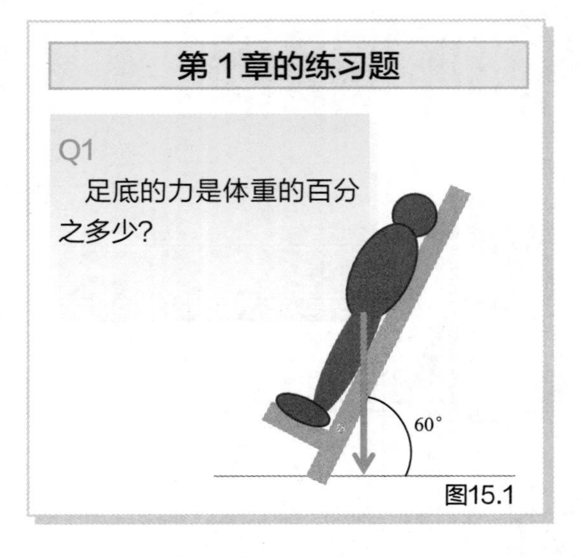

图15.1

第 2 章的练习题

Q2

请回答下列说法对还是错。

① 肱桡肌为第二类杠杆。

② 股四头肌为第二类杠杆。

③ 肱三头肌为第一类杠杆。

④ 肱二头肌为第三类杠杆。

⑤ 三角肌为第三类杠杆。

Q3

请回答下列说法对还是错。

① 单下肢站立时，臀中肌对骨盆的作用是第一类杠杆。

② 臀中肌使下肢外展的作用是第三类杠杆。

③ 在俯卧撑运动中，肱三头肌使肘伸展，此作用为第一类杠杆。

Q4

F 的大小是多少?

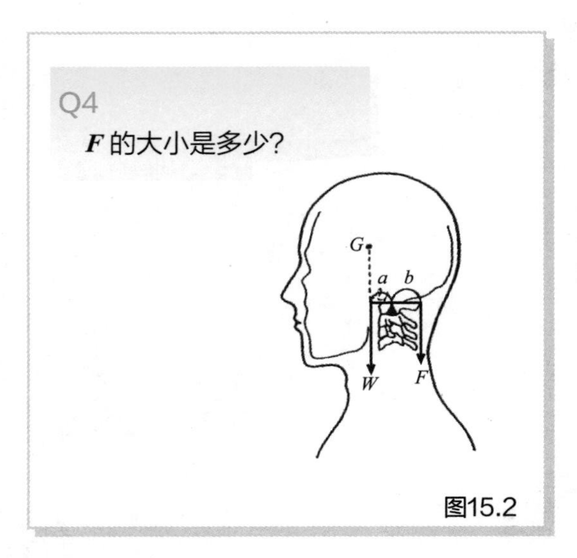

图15.2

Q5

如果 *G* 点施加的力为 50kg，则髋关节外展肌群所需要的力是多少?

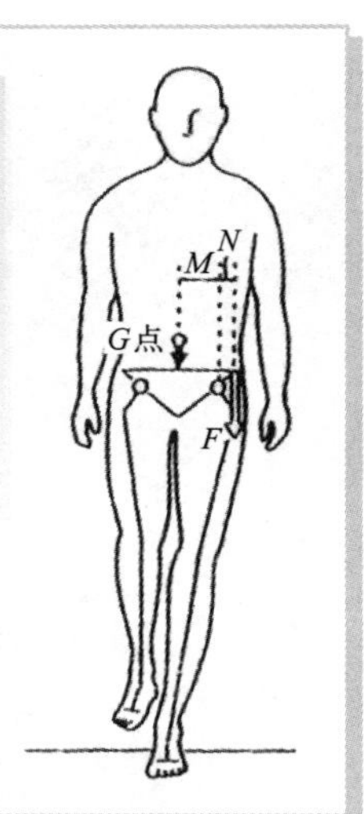

图15.3

Q6

体重 60kg 的人单下肢站立时，股骨头所受到的力的大小是多少?

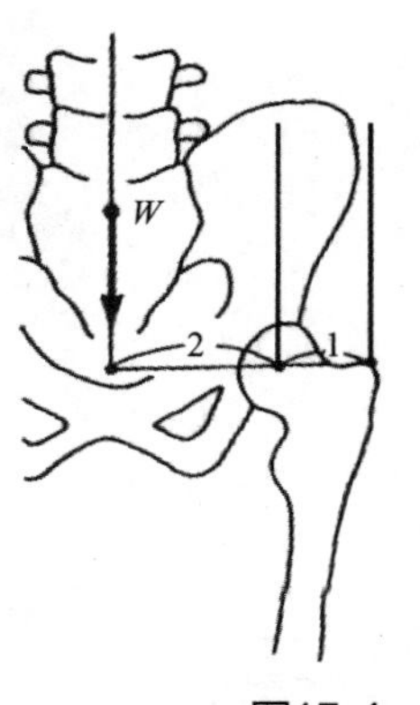

图15.4

Q7

F 是多少?

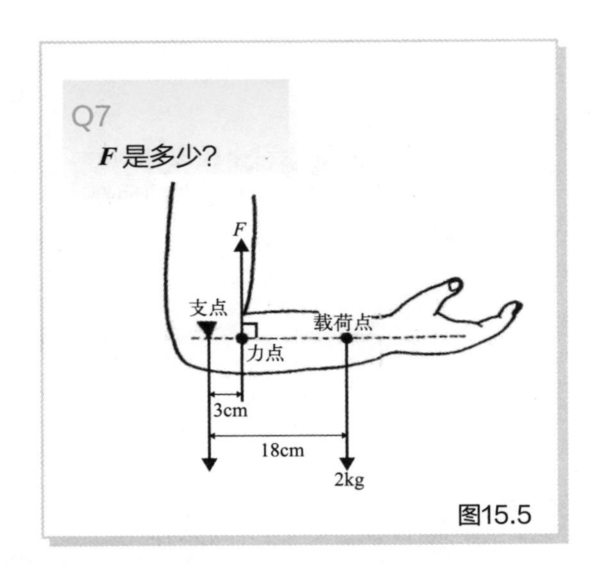

图15.5

Q8

如果体重为 *W*，足跖屈肌肌群所需要的力量是多少?

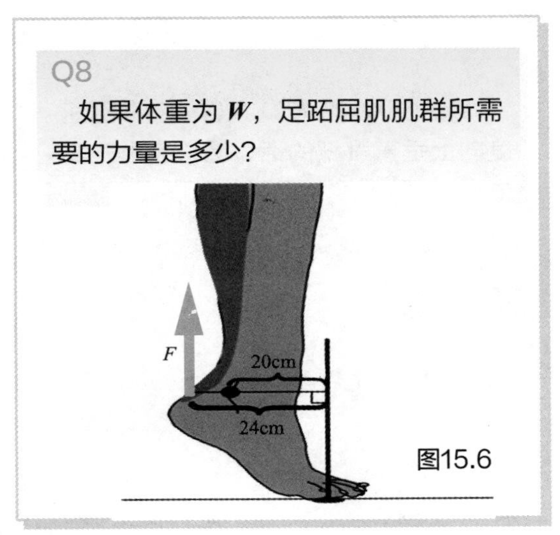

图15.6

Q9

F 是多少?

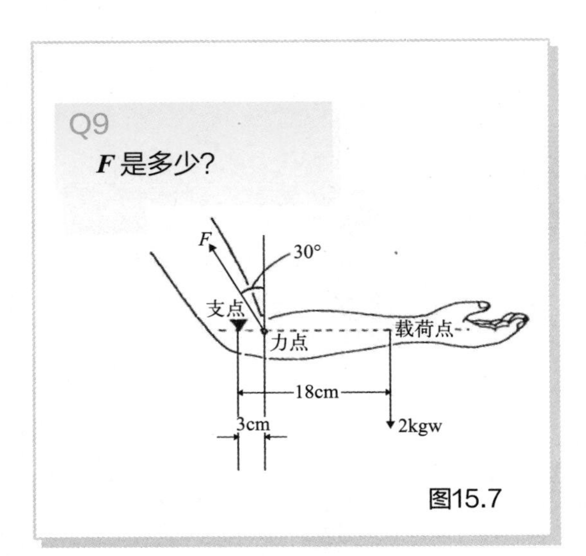

图15.7

Q10

手持铁球，保持图中所示的姿势，肘关节的关节反作用力是多少?

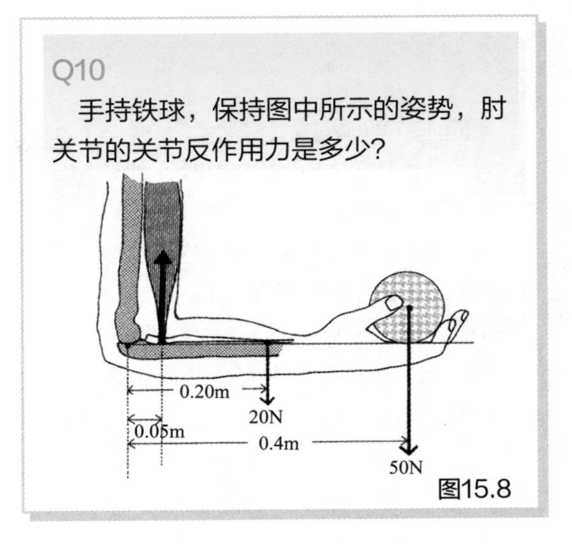

图15.8

第 3 章的练习题

Q11

如图所示，躯干前倾保持静止，图中的数值表示身体各部位的重量，以及各部位重心的投影和基准点之间的距离。人体整个重心的投影点和基准点之间的距离是多少?

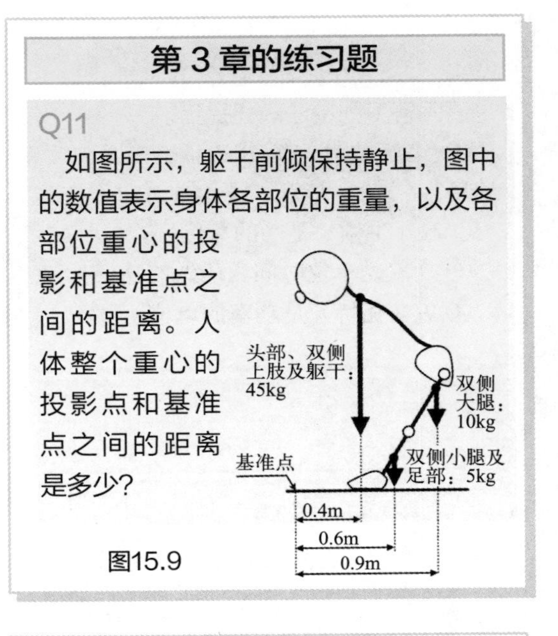

图15.9

第 9 章的练习题

Q12

请回答下列说法对还是错。

① 力是质量和加速度的乘积。

② 功是力量和移动距离的乘积。

③ N（牛顿）是力的单位。

④ 功率是单位时间内所做的功。

⑤ W（瓦特）是功的单位。

⑥ 机械能是势能和动能的乘积。

Q13

请回答下列说法对还是错。

① 向物体施加一定的力时，加速度与物体的质量成反比。

② 动量是质量和速度的乘积。

③ 使1kg的物体产生1m/s^2加速度的力称为1N（牛顿）。

④ 1s内所做的功为1J（焦耳）时，此时的功率为1马力。

Q14

请回答下列说法对还是错。

① 速度按时间微分的话会变成加速度。

② N（牛顿）是功的单位。

③ 功率是单位时间内所做的功。

④ W（瓦特）是功率的单位。

Q15

请回答下列说法对还是错。

① 将每小时所做的功称为能量效率。

② 物体水平移动时从接触面获得的阻力称为摩擦力。

③ 物体发生旋转运动时，轴输出的力矩称为扭矩。

④ 力的大小和方向用矢量表示。

Q16

质量为 2kg 的物体沿直线以 4m/s^2 的加速度移动，物体上所受到的力是多少牛顿?

Q17

体重 65kg 的人以 3.0m/s 的初速度向上垂直跳跃的话，重心会上升多少米?

答案解析

第 1 章的练习题

Q1

足底的力是体重的百分之多少？

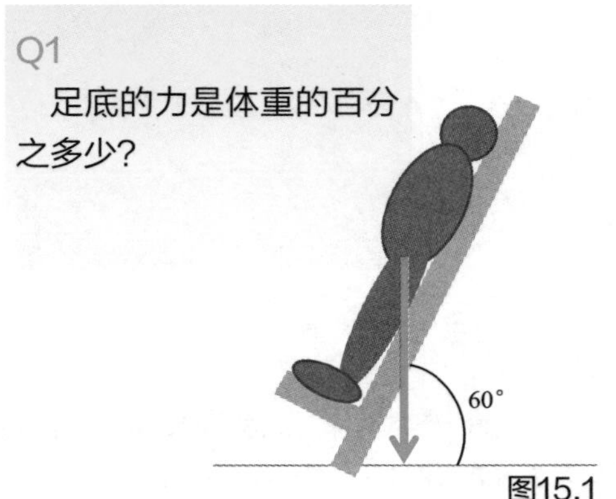

图15.1

答案

体重就是身体上所受的重力，相当于图中的箭头。这个重力可以分解为两个分量，分别沿着背板的方向和垂直于背板的方向。垂直于背板的分量为 $G\times\cos60°$，$\cos60°$ 等于 1/2，该分量也就是重力的 50%。足底的力是沿着背板的力，所以为 $G\times\sin60°$，也就是重力的 87%。

请回忆一下，60° 和 30° 角构成的直角三角形的三条边的比值是 $1:2:\sqrt{3}$。

第 2 章的练习题

Q2

请回答下列说法对还是错。

① 肱桡肌为第二类杠杆。

② 股四头肌为第二类杠杆。

③ 肱三头肌为第一类杠杆。

④ 肱二头肌为第三类杠杆。

⑤ 三角肌为第三类杠杆。

答案

① 正确：肱桡肌为第二类杠杆。肱桡肌屈肘时，前臂的重心位于前臂的中间点附近，肱桡肌的止点越过这里，位于前臂的远端。因为载荷点在中间，所以是第二类杠杆。这里有点牵强附会，但是因为没有其他的第二类杠杆，在这里请记住肱桡肌是第二类杠杆。

② 错误：股四头肌不是第二类杠杆。因为止点（力点）在关节和载荷点（脚尖）的中间，所以是第三类杠杆。请记住，第二类杠杆只有肱桡肌。

③ 正确：肱三头肌是第一类杠杆。肱三头肌的止点被认为附着在前臂的近端，这样支点在中间，就成了第一类杠杆。

④ 正确：肱二头肌为第三类杠杆。

⑤ 正确：三角肌为第三类杠杆。

Q3

请回答下列说法对还是错。

① 单下肢站立时，臀中肌对骨盆的作用是第一类杠杆。

② 臀中肌使下肢外展的作用是第三类杠杆。

③ 在俯卧撑运动中，肱三头肌使肘伸展，此作用为第一类杠杆。

答案

① 正确：单下肢站立时，臀中肌对骨盆的作用是第一类杠杆。以髋关节为支点，臀中肌起自骨盆的外侧部，支撑骨盆内侧的重力，因此是第一类杠杆。

② 正确：臀中肌使下肢外展的作用是第三类杠杆。髋关节为支点，远端有臀中肌的止点，由于再远端有动作的载荷点（脚尖），所以是第三类杠杆。载荷点可以认为是“发挥力量的地方”，也可以认为是“发挥动作的地方”。

③ 正确：在俯卧撑运动中，肱三头肌使肘伸展，此作用为第一类杠杆。肱三头肌的止点在前臂的近端，因为肘关节（支点）在中间，所以是第一类杠杆。

Q4

F 的大小是多少?

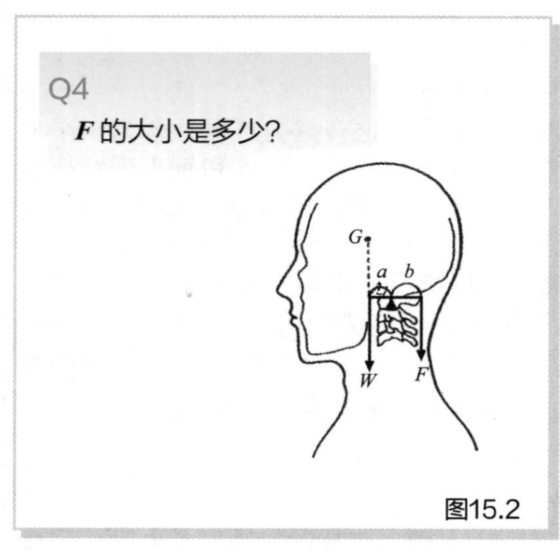

图15.2

答案

这是第一类杠杆，因为支点在中间，因此，$F \times b = W \times a$，$F = W \times a/b$。

Q5

如果 G 点施加的力为 50kg，则髋关节外展肌群所需要的力是多少?

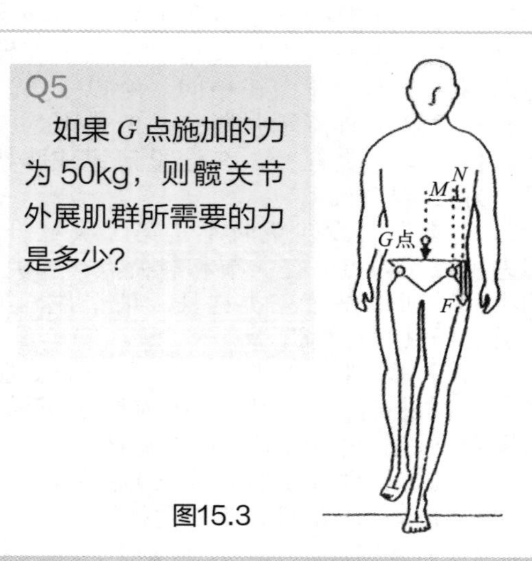

图15.3

答案

这是第一类杠杆。G 点的力是 50kg，$F \times N = 50\text{kg} \times M$，即 $F = 50\text{kg} \times M/N$。

Q6

体重 60kg 的人单下肢站立时，股骨头所受到的力的大小是多少?

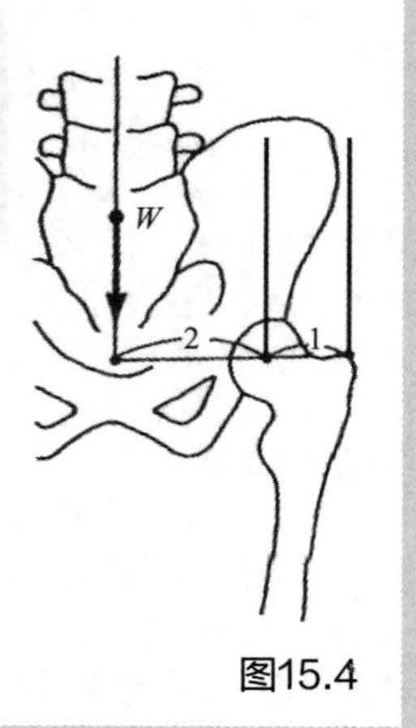

图15.4

答案

这也是第一类杠杆。但是注意，我们不是求臀中肌所需要的力量，而是求股骨头上所受到的力。股骨头上的力是支点上的力。

首先，计算臀中肌所承受的力，将其设为 F，臀中肌所承受的载荷，从体重中减去一侧下肢的重量（约为体重的 20%），约为 50kg。图中的 W 表示全身的重心，如果考虑到减去一侧下肢以外的重心也在大致相同的位置的话，则：

$F \times 1 = 50\text{kg} \times 2$，即 $F = 100\text{kg}$

支点上力需要支撑这个力和 50kg，所以股骨头上受到的力是 150kg。

Q7

***F* 是多少?**

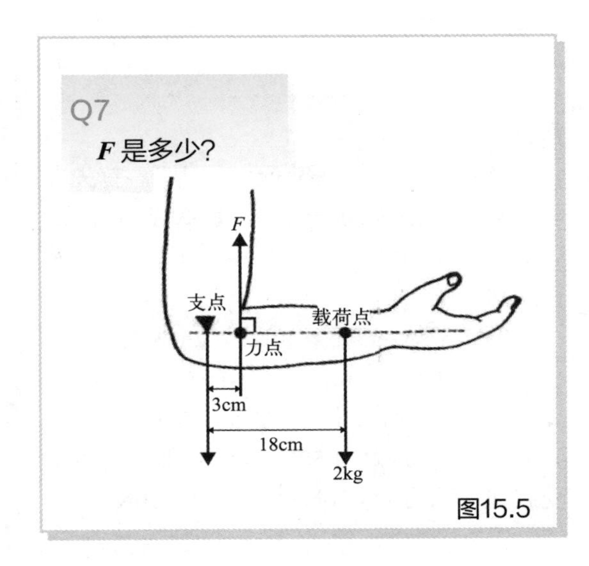

图15.5

答案

因为力点在中间，所以是第三类杠杆。

$F \times 3\text{cm} = 2\text{kg} \times 18\text{cm}$，

即 $F = 2\text{kg} \times 18\text{cm}/3\text{cm} = 2\text{kg} \times 6 = 12\text{kg}$。

Q8

如果体重为 ***W***，足距屈肌肌群所需要的力量是多少?

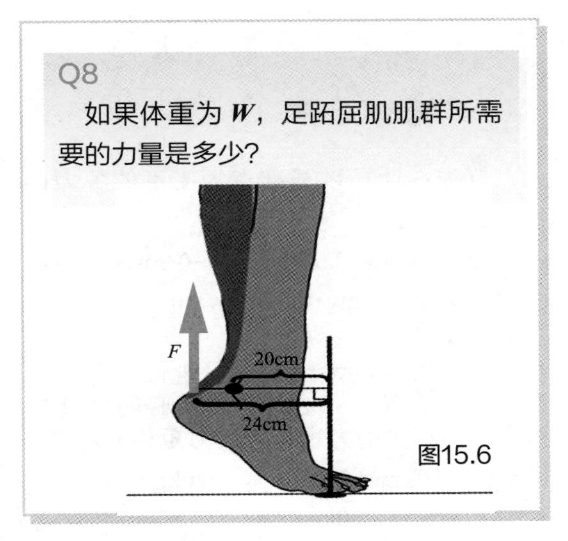

图15.6

答案

这是第一类杠杆，踝关节是支点。支点到 F 的距离是 4cm，距离支点 20cm 的地方有地面反作用力的作用，大小为 W。

$F \times 4\text{cm} = W \times 20\text{cm}$，即 $F = W \times 5$

足距屈肌群所需要的力量是体重的 5 倍。顺便说一下，作为支点的踝关节承受体重 6 倍的力量。

Q9

***F* 是多少?**

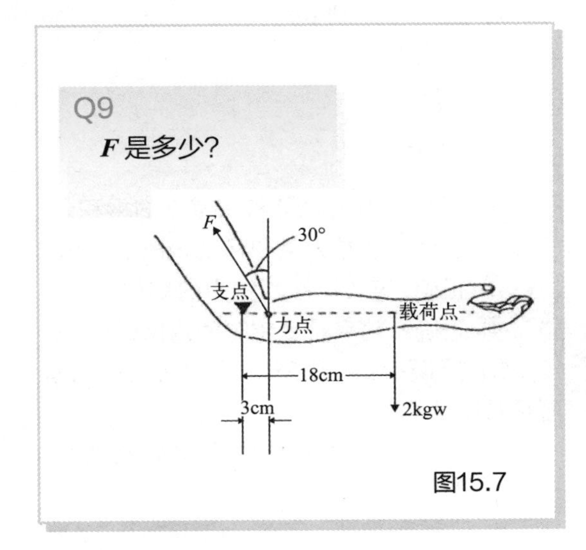

图15.7

答案

这是第三类杠杆。图中的 2kgw 是指 2kg 重的物体上所受到的重力，在计算中请作为 kgw 使用。此时，将 F 分解为水平方向和垂直方向的分量来考虑比较好，因为水平方向的分量过支点，所以与杠杆的平衡无关，杠杆平衡只与垂直方向的分量有关。垂直方向的分量为 $F \times \cos 30°$，

$F \times \cos 30° \times 3\text{cm} = 2\text{kgw} \times 18\text{cm}$，

即 $F = 2\text{kgw} \times 18\text{cm} / (3\text{cm} \times \cos 30°)$

$= 2\text{kgw} \times 6/0.87 \approx 14\text{kgw}$。

Q10

手持铁球，保持图中所示的姿势，肘关节的关节反作用力是多少？

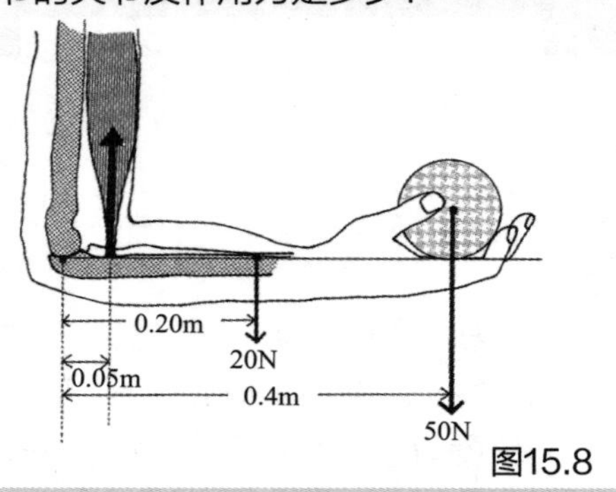

图15.8

答案

题目中问及“关节反作用力”，首先需要计算肌肉所需的张力，以肘关节为支点，将右转的力矩写在右边，将左转的力矩写在左边。

$0.05m \times x = 0.4m \times 50N + 0.2m \times 20N$

$x = (20N \cdot m + 4N \cdot m) / 0.05m = 480N$

这样的话，杠杆受到向上的力为480N，向下的力为50N+20N，所以支点上受到向下的力为410N（即480N−70N）。

第3章的练习题

Q11

如图所示，躯干前倾保持静止，图中的数值表示身体各部位的重量，以及各部位重心的投影和基准点之间的距离。人体整个重心的投影点和基准点之间的距离是多少？

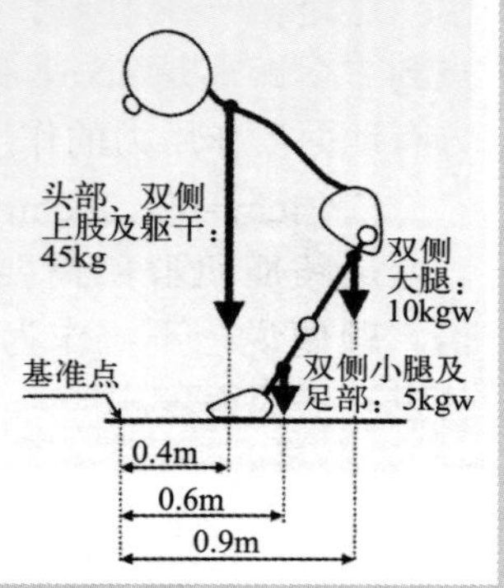

图15.9

答案

首先，计算以基准点为支点的各力的力矩之和 T：

$T = 0.4m \times 45kgw + 0.6m \times 5kgw + 0.9m \times 10kgw$

$= 18kgw \cdot m + 3kgw \cdot m + 9kgw \cdot m$

$= 30kgw \cdot m$

另一方面，考虑到总重量位于距离基准点 x 的位置上（这是身体重心的位置），由于该力产生的力矩与上述力矩相等，则：

$(45kgw + 10kgw + 5kgw) \times x = 30kgw \cdot m$

$$x = \frac{30kgw \cdot m}{60kgw} = 0.5m$$

第9章的练习题

Q12

请回答下列说法对还是错。

① 力是质量和加速度的乘积。

② 功是力量和移动距离的乘积。

③ N（牛顿）是力的单位。

④ 功率是单位时间内所做的功。

⑤ W（瓦特）是功的单位。

⑥ 机械能是势能和动能的乘积。

答案

① 正确：力是质量和加速度的乘积。

② 正确：功是力量和移动距离的乘积。

③ 正确：N（牛顿）是力的单位。

④ 正确：功率是单位时间内所做的功。

⑤ 错误：W（瓦特）不是功的单位，而是功率的单位。

⑥ 错误：机械能是势能和动能之和，不是乘积。

Q13

请回答下列说法对还是错。

① 向物体施加一定的力时，加速度与物体的质量成反比。

② 动量是质量和速度的乘积。

③ 使1kg的物体产生$1m/s^2$加速度的力称为1N（牛顿）。

④ 1s内所做的功为1J（焦耳）时，此时的功率为1马力。

答案

① 正确：向物体施加一定的力时，加速度与物体的质量成反比：

$$a=F/M$$

② 正确：动量是质量和速度的乘积，$P=MV$。

③ 正确：使 1kg 的物体产生 $1m/s^2$ 加速度的力称为 1N（牛顿）。

④ 错误：1 马力 =735W（瓦特），即 1s 做了 735J（焦耳）的功。1s 做功为 1J（焦耳）时，功率为 1W（瓦特）。

Q14

请回答下列说法对还是错。

① 速度按时间微分的话会变成加速度。

② N（牛顿）是功的单位。

③ 功率是单位时间内所做的功。

④ W（瓦特）是功率的单位。

答案

① 正确：速度按时间微分的话会变成加速度。这种情况下的微分是指速度增加的部分除以时间。每秒增加的速度值为加速度。

② 错误：N（牛顿）是力的单位，功的单位是 J（焦耳）。

③ 正确：功率是单位时间内所做的功，单位是 W（瓦特）。

④ 正确。W（瓦特）是功率的单位，功的单位是 J（焦耳）。

Q15

请回答下列说法对还是错。

① 将每小时所做的功称为能量效率。

② 物体水平移动时从接触面获得的阻力称为摩擦力。

③ 物体发生旋转运动时，轴输出的力矩称为扭矩。

④ 力的大小和方向用矢量表示。

答案

① 错误：每小时所做的功是功率，能量效率是指输出相对于输入的比例。

② 正确：物体水平移动时接触面的阻力称为摩擦力。

③ 正确：物体发生旋转运动时，轴输出的力矩称为扭矩。扭矩与关节力矩是相同的概念，在机械工程中经常使用。例如，发动机的轴输出称为转矩。

④ 正确：力的大小和方向可以用矢量来表示，力、速度、加速度可以用矢量来表示。

Q16

质量为 2kg 的物体沿直线以 $4m/s^2$ 的加速度移动，物体上所受到的力是多少牛顿?

答案

力使质量产生加速度，这是牛顿的运动方程式：

$F=M\times a$，所以，$F=2kg\times 4m/s^2=8N$，

这时，需要注意的是把各物理量单位相应地换算成 kg，m，s 之后再计算。

Q17

体重 65kg 的人以 3.0m/s 的初速度向上垂直跳跃的话，重心会上升多少米?

下面是有关能量的重要事项：

动能 $K=1/2MV^2$

势能 $U=Mgh$

其中，M 为质量，V 为速度，g 为重力加速度，h 为高度。

答案

初速度为 3.0m/s 时，动能为 $K=1/2M(3.0m/s)^2$

在最高点，动能全部被转换为势能，所以 $K\rightarrow U$，所以用 $U=K$

$Mgh=1/2M(3.0m/s)^2$

接下来计算 h（高度），$h=0.45m$。